AutoCAD 实例教程

主　编　范　宁　陈海振

副主编　路东健　张意如

　　　　郭　平　方志刚

主　审　张　扬

北京理工大学出版社
BEIJING INSTITUTE OF TECHNOLOGY PRESS

内 容 提 要

本书主要介绍 AutoCAD 2021 中文版绘制各种机械零件图和装配图的实例与技巧。全书包括 6 个情境共 20 个任务，分别为绘图准备、平面图形绘制、三视图绘制、零件图的绘制、装配图的绘制、图纸输出。各情境之间紧密联系，前后呼应。

本书面向装备制造大类专业学生，以及从事机械制图相关工作的技术人员编写，旨在帮助读者用较短的时间快速熟悉 AuoCAD 2021 中文版绘制各种各样机械零件实例的技巧，并提高机械制图的设计质量。

图书在版编目（CIP）数据

AutoCAD 实例教程 / 范宁，陈海振主编 .-- 北京：
北京理工大学出版社，2023.1
　　ISBN 978-7-5763-1915-6

Ⅰ . ① A… 　Ⅱ . ①范…②陈… 　Ⅲ . ① AutoCAD 软件 –
教材 　Ⅳ . ① TP391.72

中国版本图书馆 CIP 数据核字（2022）第 240305 号

出版发行 / 北京理工大学出版社有限责任公司
社　　址 / 北京市海淀区中关村南大街 5 号
邮　　编 / 100081
电　　话 / （010）68914775（总编室）
　　　　　（010）82562903（教材售后服务热线）
　　　　　（010）68944723（其他图书服务热线）
网　　址 / http://www.bitpress.com.cn
经　　销 / 全国各地新华书店
印　　刷 / 河北鑫彩博图印刷有限公司
开　　本 / 787 毫米 ×1092 毫米　1/16
印　　张 / 11.5　　　　　　　　　　　　　　　责任编辑 / 多海鹏
字　　数 / 248 千字　　　　　　　　　　　　　文案编辑 / 多海鹏
版　　次 / 2023 年 1 月第 1 版　2023 年 1 月第 1 次印刷　　责任校对 / 周瑞红
定　　价 / 59.00 元　　　　　　　　　　　　　责任印制 / 王美丽

AutoCAD软件是目前应用广泛的计算机辅助设计软件之一，遍及机械、电子、建筑、航空、造船、汽车和纺织等各个领域。由于具有绘图精确、使用简便等特点，AutoCAD软件已经成为工程设计人员的首选辅助设计软件。本书是根据教育部关于高职高专项目化教学的新要求，依据《关于推动现代职业教育高质量发展的意见》和《职业院校教材管理办法》的有关部署，编写的一本讲述如何使用AuoCAD 2021软件绘制工程图样的教材，着重训练学生工程绘图的技能和技巧。

本书突出实用性，注重培养学生的实践能力，具有以下特色：

（1）根据企业对人才的需求，本书基于目前高职院校生源的素质，遵循认知规律，由浅到深、由简单到复杂，重构知识点，构建了任务驱动式项目化的教学内容。

（2）本书与机械制图教学内容相结合，在掌握绘图原理的基础上，运用AutoCAD 2021提高绘图速度和绘图质量，突出了实用原则。

（3）教材内容与制图国家标准关系密切，本书采用现行《机械制图》和《技术制图》最新国家标准，及时体现制图国家标准的变化发展。

（4）本书教学案例都经过精心挑选，大多选用国家级、省级各类大赛的试题和企业产品真实案例，具有高度的实用性。

（5）本书在AutoCAD 2021工程绘图环境设置等关键技能点、工程绘图的技巧点以及读图分析等关键点配置了二维码视频，视频是多年教学经验的结晶，是教材文字内容的补充和提升。

本书由辽宁建筑职业学院范宁、陈海振担任主编，辽宁建筑职业学院路东健、张意如、郭平及吐哈油田公司方志刚担任副主编，吉林省仁智教育咨询有限公司张扬担任主审。

本书在编写过程中参考了许多文献资料和相关教材，在此表示感谢。

限于编者的水平有限，书中难免有不妥之处，甚至错误的地方，真诚地欢迎专家、读者批评指正。

编　者

CONTENTS 目 录

CONTENTS

2

学习情境一　绘图准备

学习目标

知识目标：

1．掌握 AutoCAD 软件中直线、矩形、文字等命令的使用方法；

2．掌握 AutoCAD 软件中偏移、修剪等修改命令的使用方法；

3．掌握图层工具条、文字样式的使用方法；

4．巩固《技术制图》与《机械制图》相关国家标准中有关图纸幅面及格式、字体、图线等基本规定。

能力目标：

1．能应用 AutoCAD 软件绘制样板图；

2．能定制绘图环境。

素养目标：

1．明确国家标准，培养一丝不苟的职业态度；

2．树立遵纪守则、客观严谨的职业精神。

任务一　绘制 A4 样板图

绘制如图 1-1-1 所示的 A4 样板图。

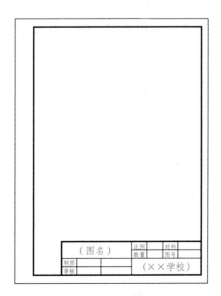

图 1-1-1　A4 样板图

一、任务引入

（1）图形分析：图框及标题栏由直线组成。

（2）线型分析：线型有粗实线和细实线，需要设置粗实线和细实线 2 个图层。

（3）绘图命令分析：直线命令、矩形命令和多行文字命令。

（4）图形修改命令分析：修剪命令、偏移命令。

用户操作界面介绍

二、任务实施

1. 新建图形文件

新建图形文件，自动生成 Drawing1 文件。

2. 设置图层

根据要求，可以设置"粗实线""细实线"2 个图层。根据国家制图标准，新建图层如图 1-1-2 所示。

图层设置

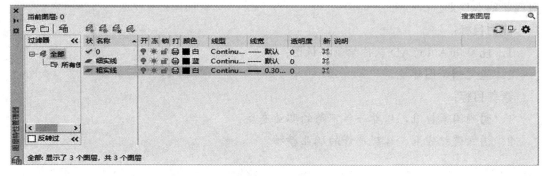

图 1-1-2　图层设置

3. 绘制 A4 图幅边界

将"细实线"图层设置为当前图层，应用"矩形"命令绘制 A4 图幅的边界。单击"绘图"工具栏中的"矩形"按钮 ⬜，根据命令行的提示输入矩形左下角点的坐标（0，0）后，按 Enter 键确认。根据提示输入右上角点的坐标（210，297）后，按 Enter 键确认，如图 1-1-3 所示。

"矩形"命令

上述操作后命令行中会出现以下提示信息。

```
命令：_rectang
指定第一个角点或 [倒角 (C)/标高 (E)/圆角 (F)/厚度 (T)/宽度 (W)]：0,0↙
指定另一个角点或 [面积 (A)/尺寸 (D)/旋转 (R)]：210,297↙
```

A4 图幅的左下角起点是坐标原点，是用绝对坐标绘制的 A4 图幅的边界。

若不想从坐标原点开始绘制 A4 图幅的边界，则按命令行中提示进行如下操作。

```
命令：_rectang
指定第一个角点或 [倒角 (C)/标高 (E)/圆角 (F)/厚度 (T)/宽度 (W)]：鼠标左键点任一点↙
指定另一个角点或 [面积 (A)/尺寸 (D)/旋转 (R)]：@210,297↙
```

4．绘制 A4 图幅边框

将"粗实线"图层设置为当前图层，执行"矩形"命令，按照命令行中的提示输入左下角的坐标（25，5）后，按 Enter 键确认，根据命令行中的提示输入右上角点的坐标（@180，287），按 Enter 键确认，如图 1-1-4 所示。

图 1-1-3　图幅边界　　　　　　图 1-1-4　图幅的图框

5．绘制标题栏边框

（1）将"粗实线"图层设置为当前图层，单击"绘图"工具栏中的"直线"按钮，在绘图区域中绘制标题栏的外边框，标题栏尺寸为 140 mm×32 mm，如图 1-1-5 所示。

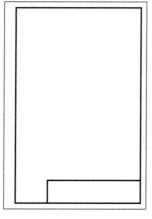

图 1-1-5　绘制标题栏边框

直线

（2）将"细实线"图层设置为当前图层，单击"修改"工具栏中的"偏移"按钮，将标题栏最上方的边向下偏移 8 mm。绘制标题栏中的 3 条横线，如图 1-1-6 所示。

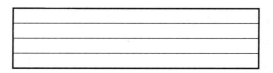

图 1-1-6　绘制标题栏水平线

偏移

（3）单击"修改"工具栏中的"偏移"按钮▲，将标题栏最左侧的边，依次向右偏移 15 mm、25 mm、30 mm、15 mm、15 mm、15 mm，如图 1-1-7 所示。

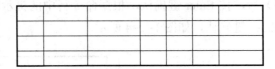

图 1-1-7　绘制标题栏竖线

（4）单击"修改"工具栏中的"修剪"按钮/--，修剪多余线框，并将内部表格线型修改为细实线，如图 1-1-8 所示。

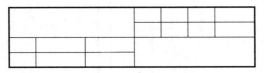

图 1-1-8　修剪多余线框

6．创建文字样式

（1）单击"注释"选项卡文字面板中的"文字样式" ，选择"管理文字样式"，弹出"文字样式"对话框，如图 1-1-9 所示。

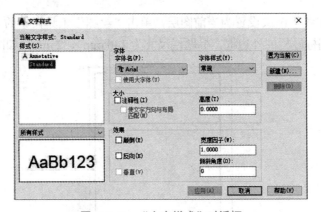

文字样式设置

图 1-1-9　"文字样式"对话框

（2）单击："新建"按钮 [新建(N)...]，弹出"新建文字样式"对话框，如图 1-1-10 所示。

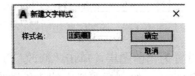

图 1-1-10　"新建文字样式"对话框

（3）在"样式名"文本框中输入样式名"汉字"，单击"确定"按钮，返回"文字样式"对话框，如图 1-1-11 所示。

（4）在"字体"选项组中，设置字体名为"仿宋"、文字样式为"常规"、高度为 0、宽度因子为 0.7、倾斜角度为 0，如图 1-1-12 所示。

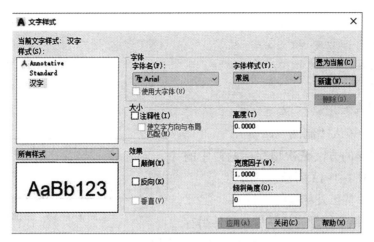

图 1-1-11　新建文字样式后的"文字样式"对话框

图 1-1-12　设置"汉字"文字样式

（5）单击"应用"按钮，将"汉字"样式置为当前。

（6）单击"关闭"按钮，保存样式设置。

7．输入标题栏中的文字

（1）单击"注释"选项卡"文字"面板中的"多行文字"按钮，命令行提示如下：

```
命令：_dtext
当前文字样式："汉字"文字高度：2.5
指定文字的起点或 [对正 (J)/样式 (S)]：            //单击指定文字起点
指定高度 <5.0>:5 ✓                              //输入文字高度
指定文字约旋转角度 <0> ✓                         //默认文字旋转角度为 0
```

在文本框中输入图名为"××"。

（2）同样的方法输入学校名称为"×× 职业学校"。

（3）在绘图区空白处单击鼠标右键，在弹出的快捷菜单中执行"重复"（DTEXT）命令，命令行提示如下。

```
命令 :dtext
当前文字样式 ;" 汉字 " 文字高度: 5
指定文字的起点或 [ 对正 (J)/ 样式 (S)] ;                    // 单击指定文字起点
指定高度 <5.0>2.5↙                                       // 输入文字高度
指定文字的旋转角度 <0>:↙
```

在文本框中输入"制图"。

（4）用同样的方法依次填写标题栏中的其他文字，如图 1-1-13 所示。

8. 完成 A4 图纸及标题栏绘制

完成 A4 图纸及标题栏绘制后，文件另存为 A4 样板图，格式为 ".dwt"，如图 1-1-14、图 1-1-15 所示。

（图名）		比例		材料	
		数量		图号	
制图			（××学校）		
审核					

图 1-1-13　添加文字

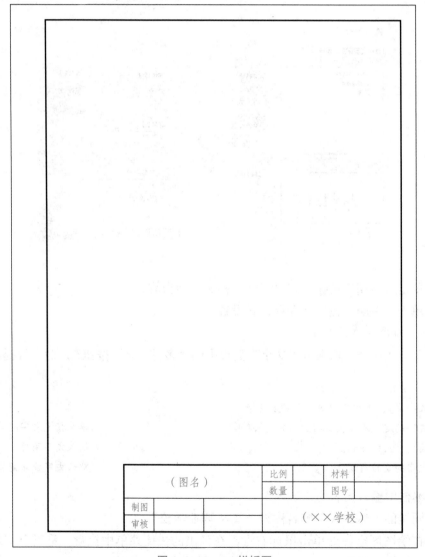

图 1-1-14　A4 样板图

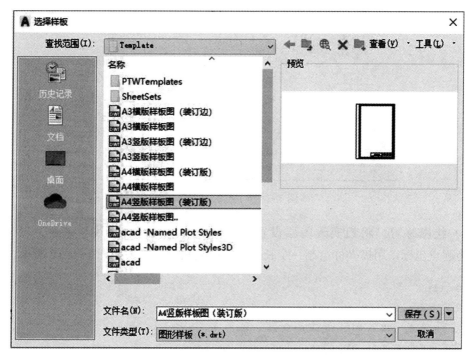

图 1-1-15　模板保存图

三、技能解析

1. 直线

（1）命令执行方法：

1）菜单栏：执行菜单栏"绘图"→"直线"命令。

2）工具栏：单击"绘图"工具栏中"直线"按钮／。

3）快捷键命令：在命令行输入 LINE 或简写 L。

（2）直线命令是绘图操作中使用频率最高的命令，它可以按用户给定的起点和终点绘制直线或折线。用户可以通过键盘输入起点和终点的坐标，也可以在绘图区内将鼠标光标移到点所在的位置，单击鼠标左键，即可输入该点作图。

常用的点坐标形式如下。

1）绝对直角坐标或相对直角坐标。绝对直角坐标的输入格式为"X，Y"；相对直角坐标的输入格式为"@X，Y"。"X"表示点的"X"坐标值，"Y"表示点的"Y"坐标值，两坐标值之间用指定的"，"隔开。例如：（50，20），（@30，40）分别表示为图 1-1-16 的 A 点和 B 点。

2）绝对极坐标或相对极坐标。绝对极坐标的输入格式为"L<α"；相对极坐标的输入格式为"@L<α"。"L"表示两点间的距离，"α"表示极轴方向与"X"轴正向的夹角。若从"X"轴正向逆时针旋转到极轴方向，则 α 角为正；若从 X 轴正向顺时针旋转到极轴方向，则"α"角为负。

例如，（60<120），（@50<-120）分别表示图 1-1-16 的 C 点和 D 点。

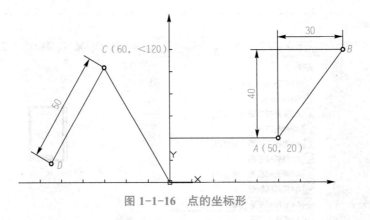

图 1-1-16 点的坐标形

（3）绘图练习。将粗实线图层设置为当前图层，执行"直线"命令，以（200，200）为起点坐标，用极坐标绘制一个长为 200 的五角星，结果如图 1-1-17 所示。

```
命令:line
指定第一点:200,200
指定下一点或 [放弃(U)]:@200<0
指定下一点或 [放弃(U)]:@200<216
指定下一点或 [闭合(C)/放弃(U)]:@200<72
指定下一点或 [闭合(C)/放弃(U)]:@200<288
指定下一点或 [闭合(C)/放弃(U)]:c
```

图 1-1-17 绘图练习

说明： 现实中绘图人员非特别情况很少采用点坐标的形式进行绘图，多数情况直接采用输入直线长度和方向绘图。

2. 修剪

（1）命令执行方法：

1）菜单栏：执行菜单栏"修改"→"修剪"命令。

2）工具栏：单击"修改"工具栏中"修剪"按钮 。

3）快捷键命令：在命令行输入 TRIM 或简写 TR。

（2）绘图练习：

```
命令:_trim
选择剪切边 ...
选择对象或 < 全部选择 >:                    // 框选五角星所有边
选择对象 : ✓                              // 按 Enter 键结束选择剪切边对象
选择要修剪的对象，或按住 <Shift> 键选择
要延伸的对象，或 [ 栏选 (F)／窗交 (C)／投影 (P)／边 (E)／删除 (R)／放弃 (U)]: ✓
                                         // 依次选择五角星内部五边形
                                         // 按 Enter 键结束修剪对象命令
```

修剪成图，如图 1-1-18 所示。

3．偏移

偏移命令能对直线、多段线、圆弧、椭圆弧、圆、椭圆或曲线做等距离偏移。

（1）命令执行方法。

1）菜单栏：执行菜单栏“修改”→“偏移”命令。

2）工具栏：单击“修改”工具栏中“偏移”按钮 。

3）快捷键命令：在命令行输入 OFFSET 或简写 O。

图 1-1-18　修剪对象

（2）绘图练习。利用“偏移”命令，将五角星右侧四条斜边进行偏移，距离为 20。

```
命令:offset
当前设置 : 删除源 = 否   图层 = 源   OFFSETGAPTYPE=0
指定偏移距离或 [ 通过 (T)／删除 (E)／图层 (L)]< 通过 >:20 ✓   // 指定偏移距离 20
选择要偏移的对象，或 [ 退出 (E)／放弃 (U)]< 退出 >:          // 依次选择五角星右侧 4 条边
指定要偏移的那一侧上的点，或 [ 退出 (E)／多个 (M)／放弃
(U)]< 退出 >:
选择要偏移的对象，或 [ 退出 (E)／放弃 (U)]< 退出 >:
```

偏移成图，如图 1-1-19 所示。

图 1-1-19　修剪对象

实操解析（一）

实操解析（二）

说明：（1）点、图块、属性和文本对象不能被偏移，如果想偏移，则需要先应用分

解命令将块分解。

（2）直线的偏移实际上是平行复制，圆、圆弧、椭圆的偏移实际上是同心复制。

四、知识储备

机械图样是表达工程技术人员的设计意图、交流技术思想、组织和指导生产的重要工具，是现代工业生产中必不可少的技术文件。为了便于管理和交流，国家发布了《技术制图》和《机械制图》等一系列国家标准，对图样的内容、格式、表达方法等都做了统一规定，工程技术人员必须严格遵守其有关规定。

1. 图纸幅面及格式（GB/T 14689—2008）

图纸宽度与长度组成的图面，称为图纸幅面。基本幅面共有 5 种，其代号由"A"和相应的幅面号组成，见表 1-1-1。

表 1-1-1　基本幅面　　　　　　　　　　　　　　　　　　mm

幅面代号	A0	A1	A2	A3	A4
$B \times L$（短边 × 长边）	841×1 189	594×841	420×594	297×420	210×297
e（无装订边的留边宽度）	20			10	
c（有装订边的留边宽度）	10			5	
a（装订边宽度）	25				

2. 图框

图框是图纸上限定绘图区域的线框，在图纸上必须用粗实线画出图框，其格式分为不留装订边和留装订边两种，如图 1-1-20 ～图 1-1-23 所示，但同一产品的图样只能采用一种格式。

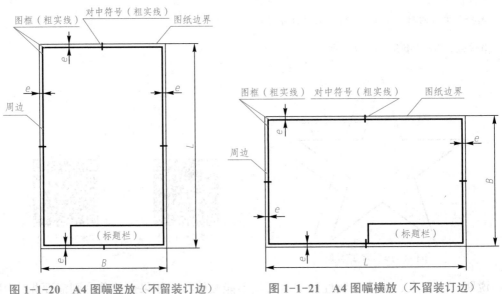

图 1-1-20　A4 图幅竖放（不留装订边）　　　　图 1-1-21　A4 图幅横放（不留装订边）

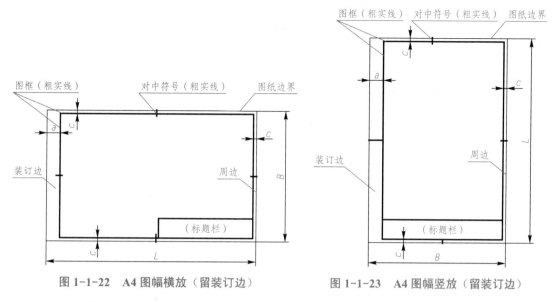

图 1-1-22　A4 图幅横放（留装订边）　　　　图 1-1-23　A4 图幅竖放（留装订边）

3．标题栏

在机械图样中必须画出标题栏。标题栏的内容、格式和尺寸应按《技术制图 标题栏》（GB/T 10609.1—2008）的规定绘制。在学校的制图作业中，为了简化作图，建议采用图 1-1-24 所示的简化标题栏。

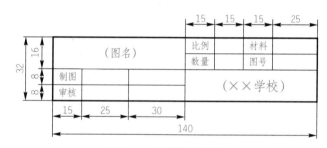

图 1-1-24 简化标题栏

4．图线（GB/T 4457.4—2002）

图中所采用各种形式的线，称为图线。图线是组成图形的基本要素，由点、短间隔、画、长画、间隔等线素构成。

国家标准《机械制图 图样画法 图线》（GB/T 4457.4—2002）规定了在机械图样中使用的 9 种图线，其名称、线型、线宽及一般应用见表 1-1-2。

机械图样中采用粗、细两种线宽，它们之间的比例为 2∶1。图线的宽度应按图样的类型和大小，在数系 0.13 mm、0.18 mm、0.25 mm、0.35 mm、0.5 mm、0.7 mm、1.0 mm、1.4 mm、2 mm 中选取。粗实线（粗虚线、粗点画线）的宽度通常采用 0.7 mm，与之对应的细实线（波浪线、双折线、细虚线、细点画线、细双点画线）的宽度为 0.35 mm。

在同一图样中，同类图线的宽度应基本一致。细（粗）虚线、细（粗）点画线及细双点画线的线段长度和间隔应各自大致相等。

表 1-1-2　线型及应用列表

名称	线性	线宽	一般应用
粗实线	——————————	d	可见棱边线、可见轮廓线、相贯线、螺纹牙顶线、螺纹长度终止线、齿顶圆（线）、表格图和流程图中的主要表示线、系统结构线（金属结构工程）、模样分型线、剖切符号用线
细实线	——————————	$d/2$	过渡线、尺寸线、尺寸界线、指引线和基准线、剖面线、重合断面的轮廓线、短中心线、螺纹牙底线、尺寸线的起止线、表示平面的对角线、零件成形前的弯折线、范围线及分界线、重复要素表示线、锥形结构的基面位置线、叠片结构位置线、辅助线、不连续同一表面连线、成规律分布的相同要素连线、投射线、网格线
细虚线	— — — — — — —	$d/2$	不可见棱边线、不可见轮廓线
细点画线	— · — · — · — · —	$d/2$	轴线、对称中心线、分度圆（线）、孔系分布的中心线、剖切线
波浪线	～～～～～	$d/2$	断裂处边界线、视图与剖视图的分界线
双折线	—∿—	$d/2$	
粗虚线	▬ ▬ ▬ ▬ ▬ ▬	d	允许表面处理的表示线
粗点画线	▬ · ▬ · ▬ · ▬	d	限定范围表示线
双点画线	— ·· — ·· — ·· —	$d/2$	相邻辅助零件的轮廓线、可动零件极限位置的轮廓线、重心线、成形前轮廓线、剖切面前的结构轮廓线、轨迹线、毛坯图中制成品的轮廓线、特定区域线、延伸公差带表示线、工艺用结构的轮廓线、中断线

任务二　以绘制 A3 样板图为例定制绘图环境

一、任务引入

在启动软件绘图时，每次都要进行图层、文字等的绘图环境设置，很耽误时间，也比较麻烦，为了避免这样的重复工作，可以制作自己的模板，这样每次启动后就可以直接绘图，本节就以制作 A3 样板图为例讲解如何制作个人模板。

二、任务实施

1. 新建图形文件

新建图形文件，自动生成 Drawing1 文件。

绘图环境设置

2. 工作空间的切换

AutoCAD 默认的工作空间"草图注释"如图 1-2-1 所示。

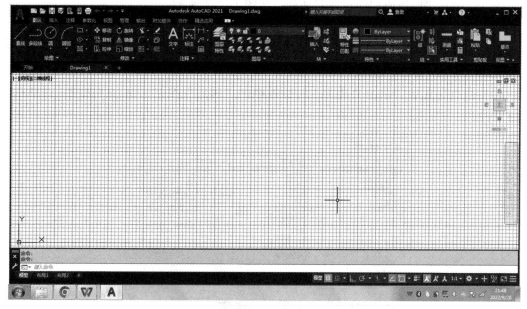

图 1-2-1 切换工作空间

3. 打开"选项"对画框

在绘图区域单击鼠标右键，弹出快捷菜单，执行"选项"命令，打开"选项"对话框，如图 1-2-2 所示。

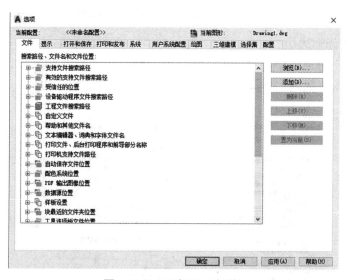

图 1-2-2 "选项"对话框

4. 修改绘图区域背景颜色

AutoCAD 的绘图区背景颜色的默认设置为黑色，用户一般习惯在白纸上绘制工程图，可在"选项"对话框中改变绘图区的背景颜色。

修改绘图区背景色为白色的操作步骤如下：

（1）单击"选项"对话框中的"显示"选项卡，然后单击"窗口元素"选项组中的"颜色"按钮，弹出"图形窗口颜色"对话框，如图1-2-3所示。

（2）在"图形窗口颜色"对话框的"上下文"窗口中选择"二维模型空间"选项，在"界面元素"窗口中选择"统一背景"选项，在"颜色"下拉列表中选择"白"，然后单击"应用并关闭"按钮，返回"选项"对话框。

（3）修改完成后，单击"选项"对话框中的"确定"按钮，退出"选项"对话框，完成修改。

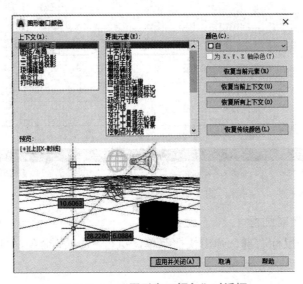

图1-2-3　"图形窗口颜色"对话框

5．设置十字光标大小

单击"选项"对话框中的"显示"选项卡，然后在"十字光标大小"选项组将光标大小向右调到50%，如图1-2-4所示，单击"确定"按钮。

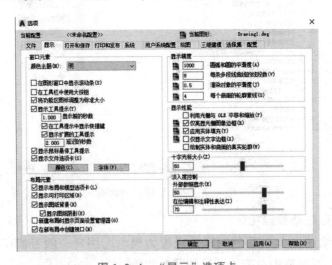

图1-2-4　"显示"选项卡

6．设置"打开和保存"

（1）单击"选项"对话框中的"打开和保存"选项卡，显示打开和保存的选项内容，如图1-2-5所示。

图1-2-5　"打开和保存"选项卡

（2）在"文件保存"选项组的"另存为"下拉列表中选择所希望保存的文件类型的选项。在图1-2-5中，选择的是"AutoCAD 2004/LT2004 图形（*.dwg）"文件类型，这样可以使保存的图形文件在 AutoCAD 2004 及其以上的版本中都能打开。

（3）修改完成后单击"选项"对话框中的"确定"按钮，退出"选项"对话框，完成修改。

7．设置选择集"拾取框"

单击"选项"对话框中的"选择集"选项卡，然后将"拾取框大小"选项卡中按钮向右调两格，将拾取框变大，如图1-2-6所示。

图1-2-6　设置"拾取框"

制图环境设置完成。

8．完成设置

参照任务一学习内容绘制 A3 样板图，如图 1-2-7 所示。

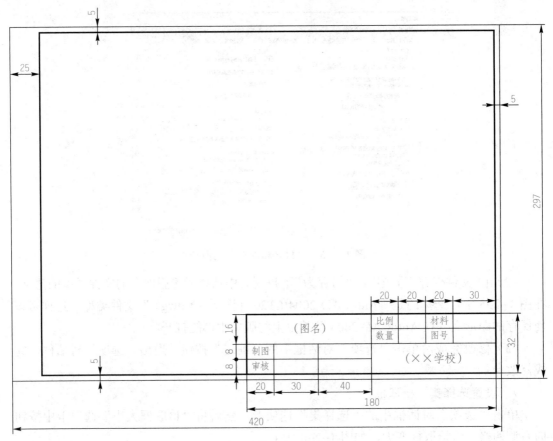

图 1-2-7　A3 样板图

完成 A3 图纸及标题栏绘制，文件另存为"A3 样板图"，格式为".dwt"。

三、技能解析

1．工作空间

工作空间是经过分组和组织的菜单栏、工具栏、选项卡和面板的集合，常用于各种任务的绘图环境。AutoCAD 提供了"草图与注释""三维基础"和"三维建模"3 个工作空间，默认状态下打开的是"草图与注释"工作空间。

切换工作空间的常用方法有两种。

（1）在快速访问工具栏上单击工作空间下拉列表 ⌖草图与注释　▼ 中选择一个工作空间。

（2）在状态栏上单击"切换工作空间"按钮 ⚙ ▼，选择一个工作空间。

1）"三维基础"工作空间。在工作空间下拉列表中选择"三维基础"选项或在状态栏上单击"切换工作空间"按钮切换到"三维基础"，工作空间如图 1-2-8 所示。在该工作空间用户可以使用"创建""编辑"和"修改"等面板创建三维实体或三维网格。

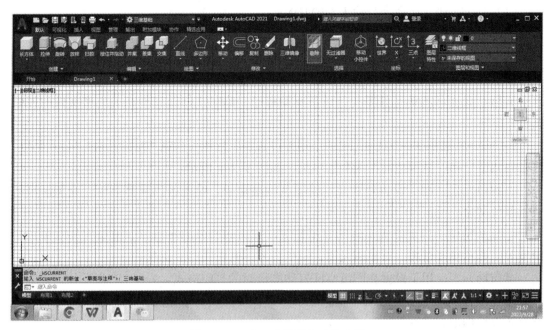

图 1-2-8　"三维基础"工作空间

2）"三维建模"工作空间。采用与"三维基础"工作空间相同的方法进行切换，切换后的"三维建模"工作空间如图 1-2-9 所示。

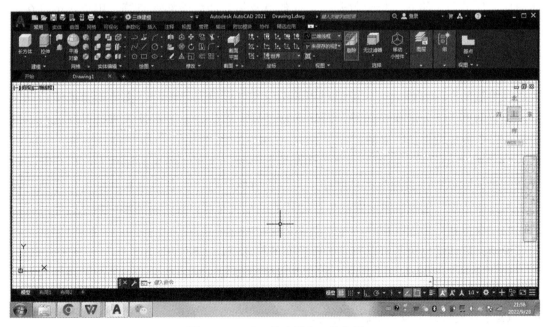

图 1-2-9　"三维建模"工作空间

2. 系统选项设置

根据绘图和编辑的需要，利用"选项"对话框，方便地设置系统配置选项，以提高绘图效率。

（1）命令方式。在命令行输入 OPTIONS。

执行命令后将弹出"选项"对话框，如图 1-2-2 所示。

（2）选项说明。

1）"文件"选项卡。"文件"选项卡用于设置 AutoCAD 支持文件（包括字体文件、菜单文件、线型和图案文件等）、设备驱动程序、临时文件及其他相关类型文件的搜索路径。

2）"显示"选项卡。"显示"选项卡用于设置显示性能，包括"窗口元素""显示精度""布局元素"和"显示性能"四个选项组，如图 1-2-4 所示。

①窗口元素：用于设置是否显示绘图区的滚动条、绘图区的屏幕菜单、绘图区域的背景颜色和命令行窗口中的字体样式。

②显示精度：用于设置实体的显示精度，如圆和圆弧的平滑度、渲染实体对象的平滑度等，显示精度越高，对象越光滑，但生成图形时所需时间也越长。

③布局元素：用于设置在图纸空间打印图形时的打印格式。

④显示性能：用于设置光栅图像显示方式、多段线的填充及控制三维实体的轮廓曲线是否以线框形式显示等。

说明：背景颜色和字体可以根据需要进行设置；十字光标建议设置为 50 ～ 100 任意数值，绘图过程起到辅助线的作用，以提高作图准确率。

3）"打开和保存"选项卡。"打开和保存"选项卡用于设置文件打开与保护的方式，如图形文件的版本格式、最近打开的文件数目及是否加载外部参照等。用户还可以在该选项卡的"文件安全措施"选项组中设置自动存盘的时间间隔，以保护绘图数据，如图 1-2-5 所示。

说明：文件建议选择低版本进行保存，为了防止因意外操作或计算机系统故障导致正在绘制的图形文件丢失，可以对当前图形文件设置自动保存。文件安全措施自动保存，建议时间为 5 min 保存间隔，时间不宜过长，以防止由于意外未进行保存；也不要过短，以免造成软件运行卡顿。

4）"打印和发布"选项卡。"打印和发布"选项卡用于设置打印机和打印参数。在"新图形的默认打印设置"选项组中，可以设置默认打印设备或添加和配置打印机；在"基本打印选项"选项组中设置基本打印环境的相关选项；在"新图形的默认打印样式"选项组中设置新图形的打印样式，如图 1-2-10 所示。

说明：默认输出设备可以直接选择已有的打印机，方便打印出图。

5）"系统"选项卡。"系统"选项卡用于设置与三维图形显示相关的系统特性，为系统定点设备选择驱动程序。在"基本选项"选项组中，可设置 AutoCAD 的文档环境和插入 OLE 对象特性以及系统启动方式。

6）"用户系统配置"选项卡。"用户系统配置"选项卡用于优化 AutoCAD 的工作方式。在"Windows 标准操作"选项组中，可以对鼠标按钮进行定义；在"插入比例"选项组中，可设置通过设计中心插入对象时，源对象与目标图形的比例系数；"关联标注"选项组用于设置标注对象与图形对象是否关联。

7）"绘图"选项卡。"绘图"选项卡用于设置对象自动捕捉、自动追踪功能及自动捕捉标记和靶框大小，如图 1-2-11 所示。

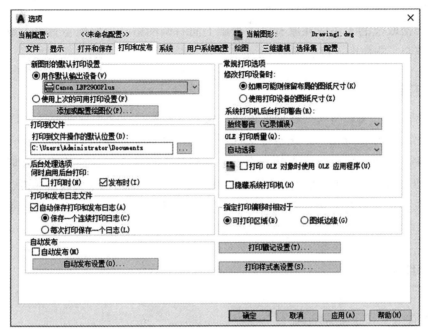

图 1-2-10 "选项"对话框中的"打印和发布"选项

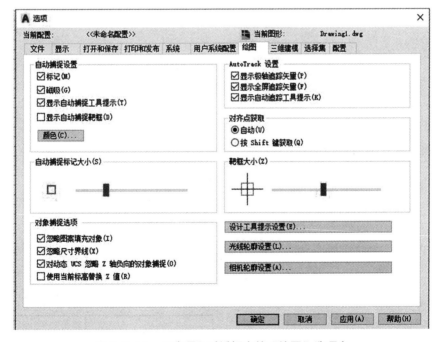

图 1-2-11 "选项"对话框中的"绘图"选项卡

8）"三维建模"选项卡。"三维建模"选项卡用于控制三维操作中十字光标显示样式的设置、UCS图标的显示、坐标项动态输入字段的显示、三维实体和曲面显示的设置及设置漫游、飞行、动画选项以显示三维模型。

9）"选择集"选项卡。"选择集"选项卡用于设置选择模式和是否使用夹点编辑功能及拾取框和夹点大小，如图1-2-6所示。

说明： 拾取框的大小应在原有设置基础上向右调两格，拾取框不宜过大或过小，过大或过小都会影响作图速度和准确率。

榜样力量

王崇伦，辽宁省辽阳人，鞍钢机械总厂技术革新能手，全国劳动模范。1952年加入中国共产党。努力钻研技术，先后8次改进工具，发明了"万能工具胎"，一年完成四年生产任务，成为全国最先完成第一个五年计划的一线工人，被誉为"走在时间前面的人"。20世纪60年代初，实现100多项革新，先后突破十几项重要技术难题。王崇伦的创造精神在全国许多厂矿企业引发了群众性的技术革新热潮。（文字来源：中央广电总台国际在线）

课后练习

1. 绘制不带装订区域的A3样板图。

		比例		材料	
	（图名）	数量		图号	
制图				（××学校）	
审核					

2．绘制不带装订区域的 A4 样本图。

	比例		材料	
（图名）	数量		图号	
制图				
审核			（××学校）	

3. 绘制下列平面图。

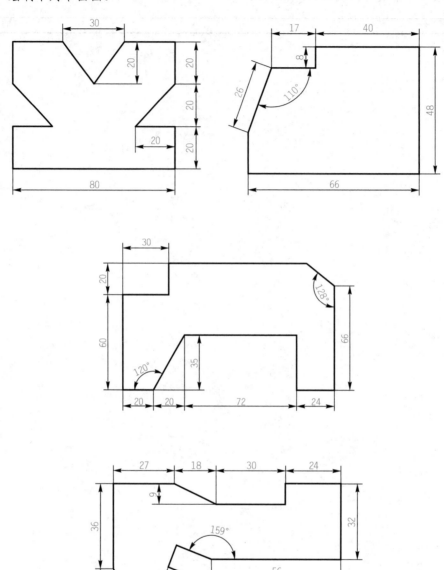

学习情境二　平面图形绘制

任务一　绘制奥运五环

绘制如图 2-1-1 所示的奥运五环。

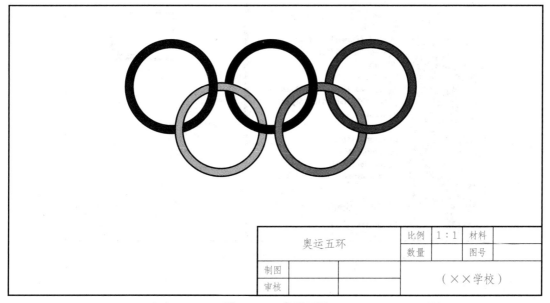

奥运五环			比例	1:1	材料	
			数量		图号	
制图					（××学校）	
审核						

图 2-1-1　奥运五环

一、任务引入

奥林匹克标志（the Olympic symbol），又称奥运五环标志，它是由现代奥林匹克运动之父顾拜旦于 1913 年构思设计的。奥林匹克标志是由 5 个奥林匹克环从左到右互相套接组成，上方是蓝色、黑色、红色三环，下方是黄色、绿色二环。奥林匹克标志象征五大洲和全世界的运动员在奥运会上相聚一堂，同时强调所有参赛运动员应以公正、坦诚的运动员精神在比赛场上相见。五环图形以圆环内圈半径为单位 1，外圈半径为 1.2 倍；相邻圆环圆心水平距离为 2.6 倍；两排圆环圆心垂直距离为 1.1 倍。本任务按照圆环内圈半径为 30 mm 所绘制。

（1）图形分析：由圆形组成。

（2）线型分析：增加剖面线图层，用来填充颜色。

（3）命令分析：着重训练圆命令、图案填充命令、复制命令、对象捕捉命令。

二、任务实施

1. 调用 A3 样板图

执行快速访问工具栏上的"打开"命令 📂，在弹出的"选择文件"对话框中，文件类型选择图形样板（*.dwt），选择 A3 横板样板图，单击"打开"按钮，如图 2-1-2 所示。

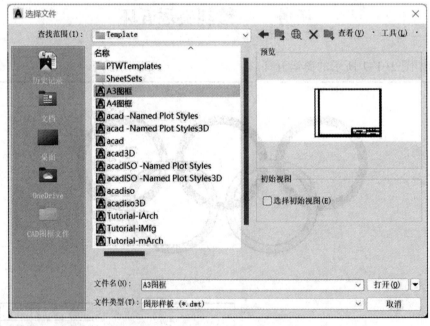

图 2-1-2　调用 A3 样板图

2. 设置图层

在样板图原有图层基础上设置"剖面线"图层。新建图层如图 2-1-3 所示。

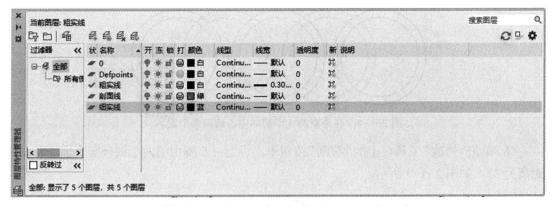

图 2-1-3　图层设置

3. 绘制奥运五环

（1）将"粗实线"图层设置为当前图层，单击"绘图"工具栏上的"圆"按钮⊘，绘制半径 R30 的圆，如图 2-1-4 所示。

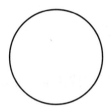

图 2-1-4　绘制半径 R30 的圆

绘制奥运五环

（2）选择状态栏中"对象捕捉"按钮◿，单击鼠标右键，弹出右键快捷菜单，选择"对象捕捉追踪设置"，在弹出的"草图设置"对话框"对象捕捉"选项卡中勾选圆心图标◯，状态栏如图 2-1-5 所示。

模型　⊞　⠿ ▾ ⌐ ◔ ▾ ⤬ ▾ ◿ ▢ ▾ ⤢ ⤬ ⟠ 1:1 ▾ ✿ ▾ ╋ ⊠ ⛶ ☰

图 2-1-5　状态栏

（3）单击"绘图"工具栏上的"圆"⊘按钮，绘制半径 R36 的圆，如图 2-1-6 所示。

（4）复制圆环。单击"修改"工具栏上的"复制"按钮◔，以圆心为基点复制圆环，水平向右移动距离为 78，连续复制两次，如图 2-1-7 所示。

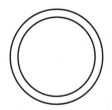

图 2-1-6　绘制 R36 的圆

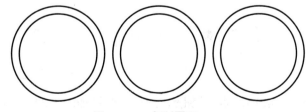

图 2-1-7　复制圆环

（5）单击"绘图"工具栏上的"圆"按钮⊘，重复上面操作绘制圆环，位置在两个圆环中心，如图 2-1-8 所示。

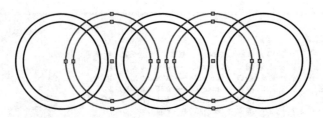

图 2-1-8　在原有的 3 个圆环中心绘制两个圆环

（6）单击"修改"工具栏上的"移动"按钮✛，将上一步骤中的两个圆环竖直向下移动，距离为 33，如图 2-1-9 所示。

图 2-1-9　竖直向下移动圆环

（7）单击"修改"工具栏上的"修剪"按钮✂，将五个圆环依次进行修剪，如图 2-1-10 所示。

图 2-1-10　修剪的圆环

（8）单击"绘图"工具栏上的"图案填充"按钮▨，切换至"图案填充创建"上下文选项卡，选择 SOLTD ▨，颜色选择蓝色 ▨ ■蓝 　　　　　▾，样式为 ▨，如图 2-1-11 所示。

图 2-1-11　"图案填充创建"上下文选项卡

（9）单击"拾取点"按钮，选择需要添加图案的圆环，单击"确定"按钮，如图 2-1-12 所示。

（10）再次单击"绘图"工具栏上的"图案填充"按钮▨，切换至"图案填充创建"上下文选项卡，选择 SOLID ■，颜色选择黄色 ▨ ■黄 　　　　　▾，如图 2-1-13 所示。

图 2-1-12　将第一个圆环填充为蓝色

图 2-1-13　将第二个圆环填充为黄色

（11）重复上一操作，依次将剩余圆环填充黑色、绿色、红色，完成奥运五环绘制，如图 2-1-14 所示。

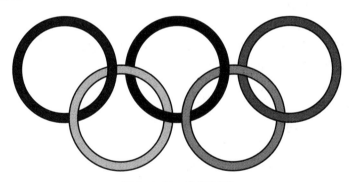

图 2-1-14　奥运五环

三、技能解析

1．圆

该命令可以通过"圆心，半径""圆心，直径""两点""三点"等方法绘制圆形。

（1）命令执行方法：

1）菜单栏：执行菜单栏"绘图"→"圆"命令。

2）工具栏：单击"绘图"工具栏中"圆"按钮 。

3）快捷键命令：在命令行输入 CIRCLE 。

圆

（2）绘图练习：

1）圆心，半径：

命令 :circle
指定圆的圆心或 [＝点 (3P)/两点 (2P)/切点、切点、半径 (T)]、指定圆心指定圆的半径或 [直径 (D)] :15

2）圆心，直径：

命令 :circle
指定圆的圆心或 [＝点 (3P)/两点 (2P)/切点、切点、半径 (T)]:指定圆心
指定圆的半径或 [直径 (D)] :d
指定圆的直径 :15

3）两点：

命令 :circle
指定圆的圆心或 [三点 (3P)/两点 (2P)/切点、切点、半径 (T)]:2p
指定圆直径的第一个端点 :P1
指定圆直径的第二个端点 :P2

4）三点：

命令 :circle
指定圆的圆心或 [三点 (3P)/两点 (2P)/切点、切点、半径 (T)]:3p
指定圆上的第一个点 :P1
指定圆上的第二个点 :P2
指定圆上的第三个点 :P3

5）相切，相切，半径：

命令 :circle
指定圆的圆心或 [三点 (3P)/两点 (2P)/切点、切点、半径 (T)]:_ttr
指定对象与圆的第一个切点 :P1
指定对象与圆的第二个切点 :P2
指定圆的半径 :15

6）相切，相切，相切：

命令 :circle
指定圆的圆心或 [三点 (3P)/两点 (2P)/切点、切点、半径 (T)]:_ttt
指定对象与圆的第一个切点 :P1
指定对象与圆的第二个切点 :P2
指定对象与圆的第三个切点 :P3

2. 图案填充

使用填充图案或对封闭区域进行填充或选定对象进行填充。

（1）命令执行方法：

1）菜单栏：执行菜单栏"绘图"→"图案填充"命令。

2）工具栏：单击"绘图"工具栏中的"图案填充"按钮▦。

3）快捷键命令：在命令行输入 BHATCH。

图案填充

（2）绘图练习：

命令：bhatch

拾取内部点或 [选择对象 (S)/ 放弃 (U)/ 设置 (T)]：S

输入图案名称或 [?/ 实体 (S)/ 用户定义 (U)/ 渐变色 (G)] <SOLID>：SOLID

3. 复制

该命令将对象复制到指定方向上的指定距离处。

（1）命令执行方法：

1）菜单栏：执行菜单栏"绘图"→"复制"命令。

2）工具栏：单击"修改"工具栏中"复制"按钮 。

3）快捷键命令：在命令行输入 COPY 或 CO。

复制

（2）绘图练习：

命令：copy

选择对象：找到 1 个

当前设置：复制模式 = 多个

指定基点或 [位移 (D)/ 模式 (O)] < 位移 >：选择复制基点

指定第二个点或 [阵列 (A)] < 使用第一个点作为位移 >：选择新的复制点

4. 对象捕捉

启用对象捕捉后，当光标悬停某点附近时，会自动捕捉对象点。当移动光标时，会出现追踪矢量。

输入命令的方法：

（1）状态栏：光标放在"对象捕捉"按钮 ，单击鼠标右键，弹出快捷菜单，如图 2-1-15 所示；单击"对象捕捉设置"按钮，弹出"草图设置"对话框，如图 2-1-16 所示。

（2）命令：在命令行输入 OSNAP。

对象捕捉

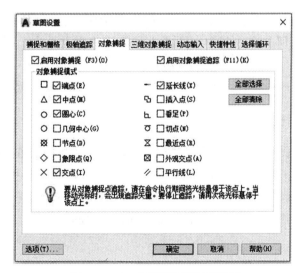

图 2-1-15　对象捕捉　　　　　图 2-1-16　"草图设置"对话框

任务二　绘制足球标识

绘制如图 2-2-1 所示的图样（本图为 catics 第 11 届 CAD 技能大赛试题）。

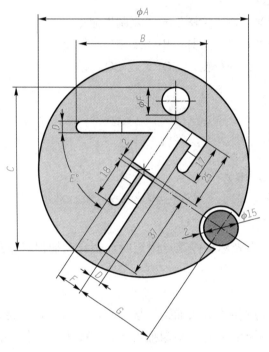

图 2-2-1　任务图样

题目简介：

题目：请参照图 2-2-1 绘制几何轮廓，注意其中的平行、水平、相切、同心、竖直等几何关系。其中大圆圆心和腰线的中点重合，手臂、腿中的五段直线的长度都是 D。

参数：$A = 92$，$B = 57$，$C = 70$，$D = 5$，$E = 56$，$F = 12$，$G = 36$。

一、任务引入

（1）图形分析：主要由直线、圆、尺寸线和背景填充构成；

（2）线型分析：可见轮廓线为粗实线，绘图过程中辅助线有点画线；

（3）绘图命令分析：除了前面学习的命令外，本任务着重训练多段线、构造线；

（4）图形修改命令分析：除了前面学习的命令外，着重训练打断、倒圆角。

二、任务实施

（1）根据图样的总体尺寸，打开 A4 样板图，操作如前。

（2）绘制足球标识。

多线段演示

1）单击"绘图"工具栏上的"直线"按钮 ，绘制两条相互垂直的基准线，将交叉点定为圆心。

2）单击"绘图"工具栏上的"圆"按钮 ，以基准线的交汇处为圆心绘制 *R*46 的圆形，如图 2-2-2 所示。

3）单击"绘图"工具栏上的"多线段"按钮 ，水平向左绘制长度为 41.5 的直线；单击命令行[**圆弧(A)**]按钮，输入数值为 5，绘制左侧手的半圆；单击命令行**长度(L)**按钮，绘制手臂下方长度为 33 的线段，然后绘制身体侧方线段（线段为任意长度），两线段之间夹角为 55°，利用快捷方式绘制，方法为"shift"+"<"，输入 55°，回车，即夹角 55°绘制完成。如图 2-2-3 所示。

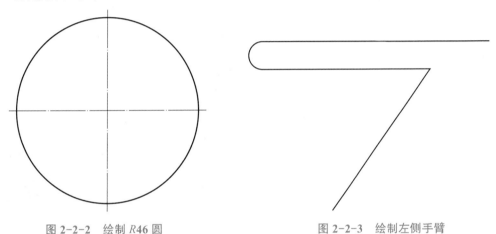

图 2-2-2　绘制 *R*46 圆　　　　　　图 2-2-3　绘制左侧手臂

4）单击"绘图"工具栏上的"多段线"按钮 ，绘制人物身体部分，如图 2-2-4 所示。

5）单击"修改"工具栏上的"偏移"按钮 ，进行腿部的绘制。利用"偏移"命令将腰线进行 3 次偏移，距离分别为 2、20、39，将偏移后的线段端点进行连接，再进行 3 次偏移，距离分别为 5、2、5，这时形成下面没有打断进行剪切的样子，如图 2-2-5 所示。

绘制腿部

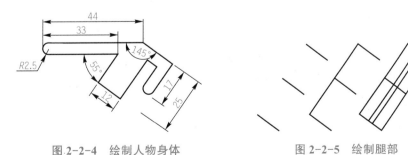

图 2-2-4　绘制人物身体　　　　　　图 2-2-5　绘制腿部

6）单击"修改"工具栏上的"打断"按钮凸，将多余连接线进行打断，完成腿部形状的绘制，如图2-2-6所示。

7）单击"修改"工具栏上的"圆角"按钮，完成脚部的绘制，如图2-2-7所示。

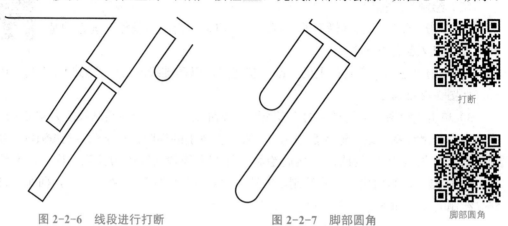

图 2-2-6　线段进行打断　　　　图 2-2-7　脚部圆角

打断

脚部圆角

8）单击"修改"工具栏上的"移动"按钮✤，将绘制好的人身以标记为中心点进行与构造线中心点重叠的移动，如图2-2-8所示。

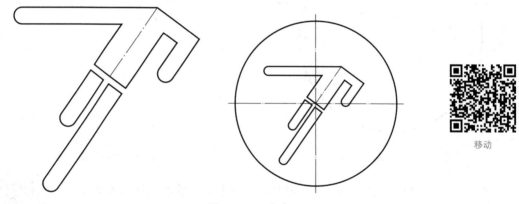

图 2-2-8　移动

移动

9）单击"绘图"工具栏上的"构造线"按钮绘制辅助线，确定头部和右下角小圆圆心。头部圆心利用构造线过A点垂直与上方构造线交叉点确定圆心。构造线为2点确定一条无限延伸的直线，后期线删除，如图2-2-9所示。

10）单击"绘图"工具栏上的"圆"按钮，以交叉点绘制圆形，分别为头部R6，足球R7.5、R8.5，如图2-2-10所示。

11）将多余的辅助线进行删除，如图2-2-11所示。

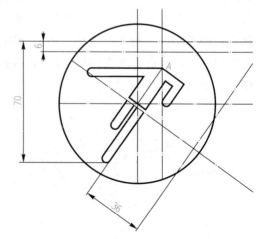

图 2-2-9　构造线确定圆心

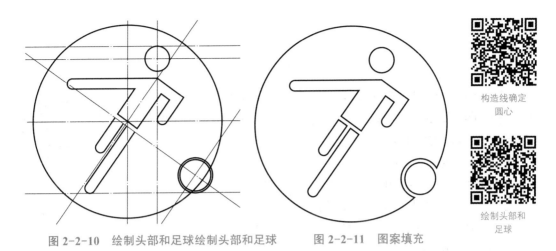

构造线确定
圆心

绘制头部和
足球

图 2-2-10 绘制头部和足球绘制头部和足球   图 2-2-11 图案填充

12）单击"绘图"工具栏"图案填充"按钮，完成颜色填充，如图 2-2-12 所示。

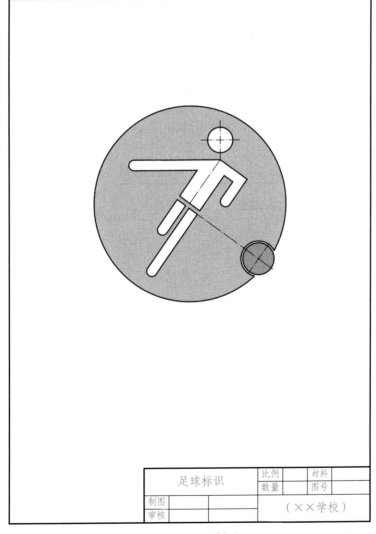

图案填充

足球标识			比例		材料	
			数量		图号	
制图				（××学校）		
审核						

图 2-2-12 足球标识

三、技能解析

1．多段线

该命令用于创建二维多段线，二维多段线是作为单个平面对象创建的相互连接的线段序列，可以创建直线段、圆弧段或两者的组合线段，还可以用于改变线段的宽度。

多段线

（1）命令执行方法：

1）菜单栏：执行菜单栏"绘图"→"多段线"命令。

2）工具栏：单击"绘图"工具栏中"多段线"按钮 。

3）快捷键命令：在命令行输入 PLINE（PL）。

（2）绘图练习：

1）绘制直线＋圆弧多段线，如图 2-2-13 所示。

命令 :pline

指定起点 :P1

指定下一个点或 [圆弧 (A)/半宽 (H)/长度 (L)/放弃 (U)/宽度 (W)]:L

指定直线的长度 :100

指定下一个点或 [圆弧 (A)/半宽 (H)/长度 (L)/放弃 (U)/宽度 (W)]:A

指定圆弧的端点 (按住 Ctrl 键以切换方向) 或 [角度 (A)/圆心 (CE)/闭合 (CL)/方向 (D)/半宽 (H)/直线 (L)/半径 (R)/第二个点 (S)/放弃 (U)/宽度 (W)]:R

指定圆弧的半径 :20

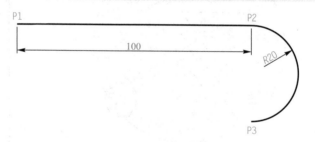

图 2-2-13　直线＋圆弧多段线

2）使用多段线命令绘制箭头，如图 2-2-14 所示。

命令 :pline

指定起点 :P1

指定下一个点或 [圆弧 (A)/半宽 (H)/长度 (L)/放弃 (U)/宽度 (W)]:w

指定起点宽度 <0>:0

指定端点宽度 <0>:60

指定端点 :P2

指定下一个点或 [圆弧 (A)/半宽 (H)/长度 (L)/放弃 (U)/宽度 (W)]:w

指定起点宽度 <0>:0

指定端点宽度 <0>:0

指定端点 :P3

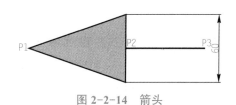

图 2-2-14　箭头

2. 打断

该命令可以在对象上的两个指定点之间创建间隔，从而将对象打断为两个对象。如果这些点不在对象上，则会自动投影到该对象上。

（1）命令执行方法：

1）菜单栏：执行菜单栏"修改"→"打断"命令。

2）工具栏：单击"修改"工具栏中"打断"按钮。

3）快捷键命令：在命令行输入 BREAK。

（2）绘图方法：

打断

```
命令:break
选择对象:P1
指定第二个打断点或 [ 第一点 (F)]:P2
```

3. "构造线"命令

该命令可以创建无限延伸的线（如构造线）来创建构造和参考线，并且其可用于修剪边界。

（1）命令执行方法：

1）菜单栏：执行菜单栏"绘图"→"构造线"命令。

2）工具栏：单击"绘图"工具栏中"构造"按钮。

3）快捷键命令：在命令行输入 XLINE。

（2）绘图方法：

1）创建水平构造线。

构造线

```
命令:xline
指定点或 [ 水平 (H)/垂直 (V)/角度 (A)/二等分 (B)/偏移 (0)]:H
指定通过点:P1
```

2）创建垂直构造线。

```
命令:xline
指定点或 [ 水平 (H)/垂直 (V)/角度 (A)/二等分 (B)/偏移 (0)]:V
指定通过点:P1
```

3）创建角度构造线。

```
命令:xline
指定点或 [ 水平 (H)/垂直 (V)/角度 (A)/二等分 (B)/偏移 (0)]:A
输入构造线的角度 (e) 或 [ 参照 (R)]:R
输入构造线的角度 <0>:45
指定通过点:P1
```

4.圆角

该命令用于给执行对象创建圆角，如图 2-2-15 所示。

（1）输入命令的方法：

1）菜单栏：执行菜单栏"修改"→"圆角"命令。

2）工具栏：单击"修改"工具栏中"圆角"按钮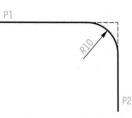。

3）快捷键命令：在命令行输入 FILLET（F）。

图 2-2-15　创建圆角

（2）绘图方法：

命令:fillet

当前设置：模式 = 修剪，半径 =0.0000

选择第一个对象或 [放弃 (U)/ 多段线 (P)/ 半径 (R)/ 修剪 (T)/ 多个 (M)]:R

指定圆角半径 <0.0000>:10

选择第一个对象或 [放弃 (U)/ 多段线 (P)/ 半径 (R)/ 修剪 (T)/ 多 个 (M)]:P1

选择第二个对象，或按住 Shift 键选择对象以应用角点或 [半径 (R)]:P2

圆角

任务三　绘制扳手

绘制如图 2-3-1 所示的扳手。

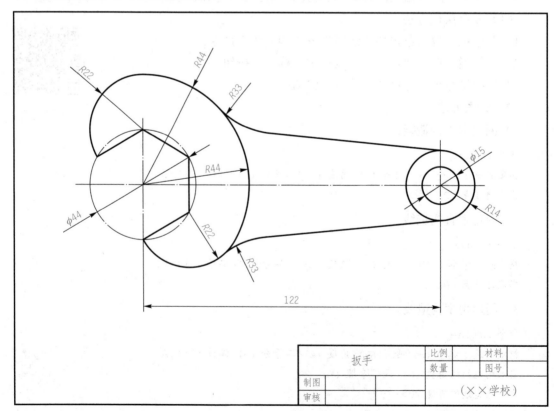

图 2-3-1　扳手

一、任务引入

（1）图形分析：圆、圆弧、多边形组成。

（2）线型分析：增加点画线、尺寸线两个图层。

（3）命令分析：着重训练多边形命令、圆角命令、快捷尺寸标注。

二、任务实施

1. 调用 A4 样板图

单击快速选择工具栏上的"打开"按钮📂，在弹出的"选择样板"对话框中，选择"文件类型"为"图形样板（*.dwt）"，选择 A4 样板图，单击"打开"按钮，如图 2-3-2 所示。

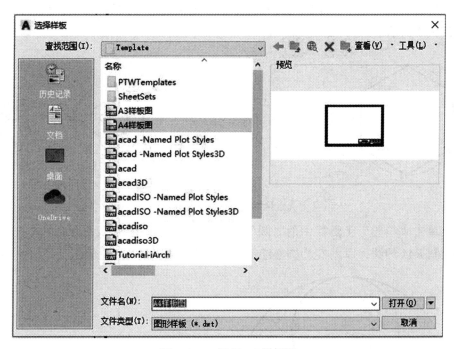

图 2-3-2　调用 A4 样板图

2. 绘制扳手

（1）将"基准线"层设置为当前图层，绘制基准线；将"粗实线"层设置为当前图层，绘制 $\phi15$ 和 $\phi28$ 的圆，如图 2-3-3 所示。

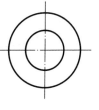

图 2-3-3　绘制基准线和 $\phi15$ 和 $\phi28$ 的圆

（2）单击"修改"工具栏中的"偏移"按钮$\subseteq$，利用"偏移"命令向左偏移ϕ15圆的竖直中心线，偏移距离为122，如图2-3-4所示。

图2-3-4 偏移中心线

（3）将"中心线"层设置为当前图层，以交点为圆心绘制ϕ44的圆。将"粗实线"层设置为当前图层，单击"绘图"工具栏中的"正多边形"按钮$\bigcirc$，绘制正六边形，结果如图2-3-5所示。

图2-3-5 绘制正六边形

正六边形

（4）单击"绘图"工具栏中的"圆"按钮$\oslash$，以点B为圆心绘制$R22$的圆；以点A为圆心绘制$R44$的圆；以点C为圆心绘制$R22$的圆，如图2-3-6所示。

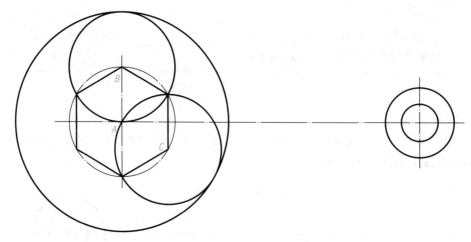

图2-3-6 绘制圆弧

（5）单击"修改"工具栏中的"修剪"按钮$\mathbf{1}$，利用"修剪"命令修剪多余的圆弧和线段，结果如图2-3-7所示。

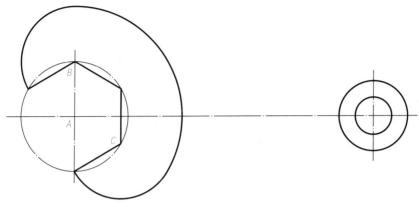

图 2-3-7　修剪圆弧

（6）单击"修改"工具栏中的"偏移"按钮 ⊑，利用"偏移"命令向上、向下偏移水平中心线，偏移距离为 22，与圆弧交于 D 点和 E 点，分别以点 D、E 为端点绘制 $\phi28$ 圆的外公切线，结果如图 2-3-8 所示。

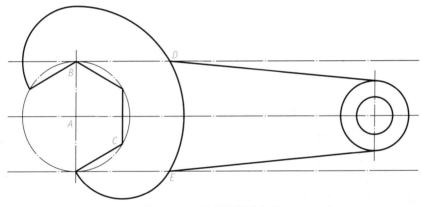

图 2-3-8　绘制小圆公切线

（7）单击"修改"工具栏中的"圆角"按钮 ，利用"圆角"命令绘制公切线与半径为 $R44$ 圆弧之间的圆角，圆角半径为 $R33$；单击"修改"工具栏中的"修剪"按钮 ，利用"修剪"命令修剪多余的圆弧和线段，结果如图 2-3-9 所示。

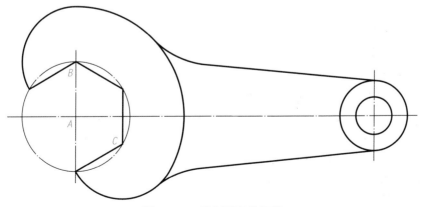

图 2-3-9　绘制圆角并修剪

（8）标注尺寸，结果如图 2-3-10 所示。

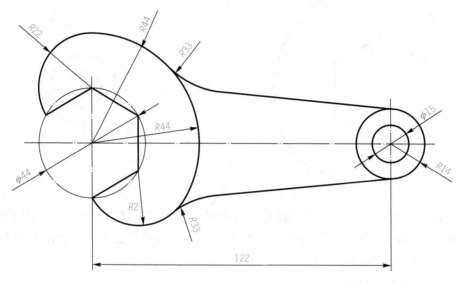

图 2-3-10　尺寸标注图

三、技能解析

1. 正多边形

画正多边形时首先输入边数，再选择按边或按中心来画，若按中心，则又分为按外接圆半径或内切圆半径两种画法。

（1）命令执行方法：

1）菜单栏：执行菜单栏"绘图"→"多边形"命令。

2）工具栏：单击"绘图"工具栏中"多边形"按钮 。

3）快捷键命令：在命令行输入 POLYGON。

正多边形

（2）绘图方法：

1）绘制内接于圆的正多边形，如图 2-3-11 所示。

```
命令:polygon
输入侧面数 <0>:5
指定正多边形的中心点或 [边 (E)]:P1
输入选项 [内接于圆 (I)/外切于圆 (C)] <I>:I
指定圆的半径:10
```

2）绘制外切于圆的正多边形，如图 2-3-12 所示。

```
命令:polygon
输入侧面数 <0>:6
指定正多边形的中心点或 [边 (E)]:P1
输入选项 [内接于圆 (I)/外切于圆 (C)] <I>:C
指定圆的半径:12
```

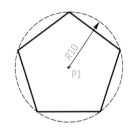

图 2-3-11　内接于圆的正多边形

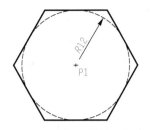

图 2-3-12　外切于圆的正多边形

2. 快捷尺寸标注

快捷尺寸标注包括线性尺寸标注、对齐尺寸标注、连续尺寸标注、基线型尺寸标注、角度尺寸标注、半径和直径尺寸标注，可扫描右方二维码学习。

尺寸标注

四、知识储备

在机械图样中，图形只能表达零件的结构形状，若要表达它的大小，必须在图形上标注尺寸。尺寸是加工制造机件的主要依据，不允许出现错误。如果尺寸标注错误、不完整或不合理，将给机械加工带来困难，甚至生产出废品而造成经济损失。

1. 标注尺寸的基本原则（GB/T 4458.4—2003）

尺寸是用特定长度或角度单位表示的数值，并在技术图样上用图线、符号和技术要求表示出来。标注尺寸的基本原则如下：

（1）零件的真实大小应以图样上所注的尺寸数值为依据，与图形的大小及绘图的准确度无关。

（2）零件的每一尺寸，一般只标注一次，并应标注在反映该结构最清晰的图形上。

（3）标注尺寸时，应尽可能使用符号和缩写词。常用的符号和缩写词见表 2-3-1。

表 2-3-1　常见符号和缩写词

含义	符号或缩写词	含义	符号或缩写词	含义	符号或缩写词
直径	ϕ	厚度	t	深孔或锪孔	⊔
半径	R	正方形	□	埋头孔	∨
球直径	$S\phi$	45° 倒角	C	均　布	EQS
球半径	SR	深度	↓	弧　长	⌒

2. 尺寸组成

每个完整的尺寸一般由尺寸数字、尺寸线和尺寸界线组成，通常称为尺寸三要素，如图 2-3-13 所示。

（1）尺寸数字。尺寸数字表示尺寸度量的大小。线性尺寸的尺寸数字一般注在尺寸线的上方或左方，如图 2-3-13 所示。线性尺寸数字的方向：水平方向字头朝上，竖直方向字头朝左，倾斜方向字头保持朝上的趋势。

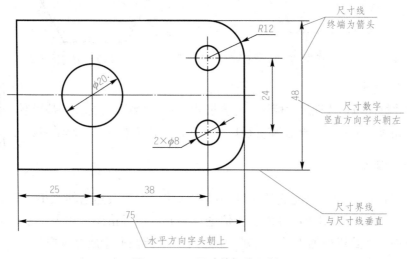

图 2-3-13　尺寸的标注示例

（2）尺寸线。尺寸线表示尺寸度量的方向。尺寸线必须用细实线单独画出，不能用其他图线代替，也不得与其他图线重合或画在其延长线上。标注线性尺寸时，尺寸线必须与所标注的线段平行。

（3）尺寸界线表示尺寸的度量范围。尺寸界线一般用细实线单独绘制，并自图形的轮廓线、轴线或对称中心线引出。此外，也可以利用轮廓线、轴线或对称中心线做尺寸界线。尺寸界线一般应与尺寸线垂直，必要时允许倾斜。

任务四　绘制齿轮架

绘制如图 2-4-1 所示的齿轮架图样。

一、任务引入

（1）图形分析：主要由直线、圆弧及尺寸线构成。

（2）线型分析：主要由粗实线、细实线和点画线构成，可见轮廓线为粗实线，用来标注的尺寸线为细实线，基准线为点画线。

（3）绘图指令分析：除了前面学习的直线指令外，本任务着重训练圆指令、圆弧指令、尺寸标注指令。

（4）图形修改指令分析：除了前面学习的修剪、偏移指令外，着重训练旋转指令。

（5）图形注释指令分析：学习图形的尺寸标注指令，并且着重训练管理尺寸标注样式。

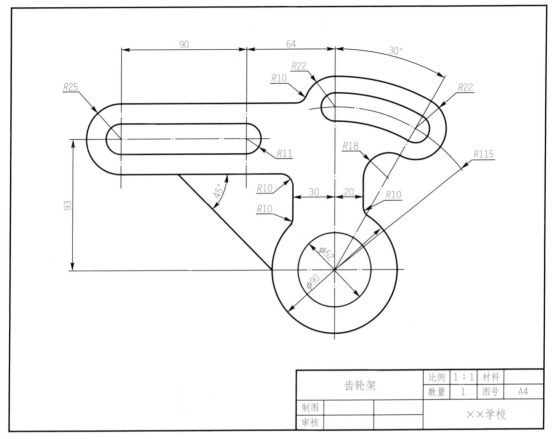

齿轮架		比例	1:1	材料	
		数量	1	图号	A4
制图			××学校		
审核					

图 2-4-1　齿轮架图样

二、任务实施

1. 打开 A4 样板图文件

单击快速访问工具栏上的"打开"按钮，在弹出的"选择文件"对话框中"文件类型"选择图形样板，选择 A4 图框文件，单击"打开"按钮，操作如前。

2. 绘制齿轮架基准线

（1）将"基准线"图层设置为当前图层，单击"绘图"工具栏上的"直线"按钮，绘制两条相互垂直的十字线，水平线长为 98 mm，垂直线长为 190 mm。

基准线绘制

（2）单击"修改"工具栏上的"偏移"按钮，将水平基准线向上偏移 93 mm，将垂直基准线向左侧分别偏移 64 mm 和 154 mm。

（3）单击"绘图"工具栏上的"圆"按钮，以十字线的交汇处为圆心绘制 R115 的圆形，单击"修改"工具栏上的"修剪"按钮对该圆形进行修剪，如图 2-4-2 所示。

（4）单击"修改"工具栏上的"旋转"按钮，将垂直的基准线顺时针旋转 30°，利用"修剪"命令对该线段进行修剪，基准线的绘制完成，如图 2-4-3 所示。

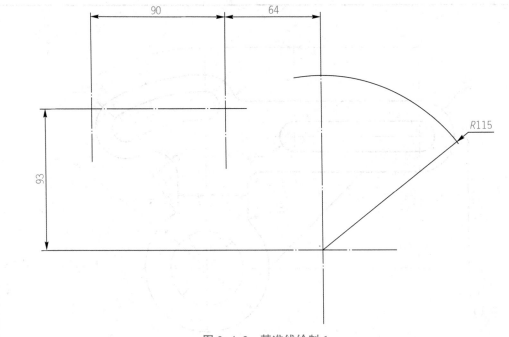

图 2-4-2　基准线绘制 1

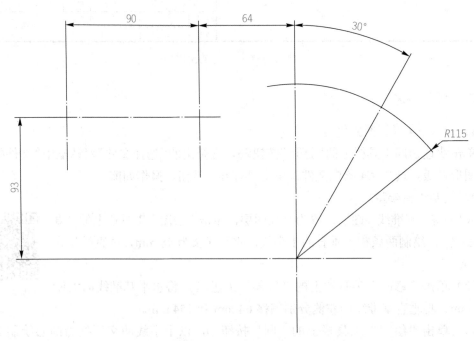

图 2-4-3　基准线绘制 2

3. 绘制齿轮架

（1）将"粗实线"图层设置为当前图层，单击"绘图"工具栏上的"圆"按钮⊙，绘制 $\phi 52$ 及 $\phi 90$ 的圆，如图 2-4-4 所示。

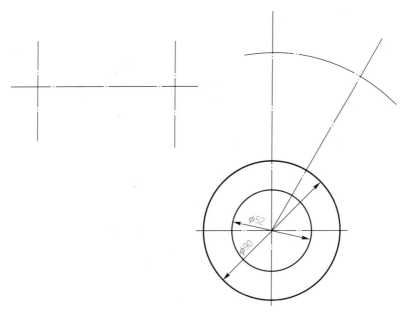

图 2-4-4 齿轮架绘制 1

（2）单击"修改"工具栏上的"偏移"按钮⊂，选择左侧水平"基准线"向两侧偏移 11 mm 及 25 mm。选择右侧垂直"基准线"向左侧偏移 30 mm，向右侧偏移 20 mm。选择弧形"基准线"分别向两侧偏移 10 mm 及 22 mm。完成"偏移"后，使用"粗实线"图层将偏移的线段进行替代，如图 2-4-5 所示。

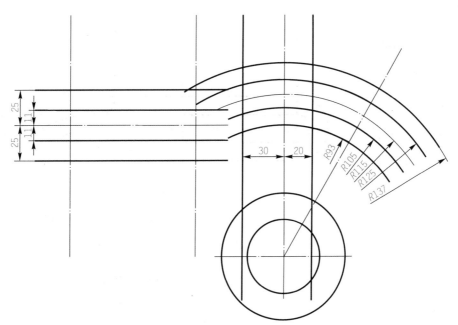

图 2-4-5 齿轮架绘制 2

（3）使用"修改"工具栏上的"修剪"命令▮和"延伸"命令▸对偏移的线段进行调整，如图 2-4-6 所示。

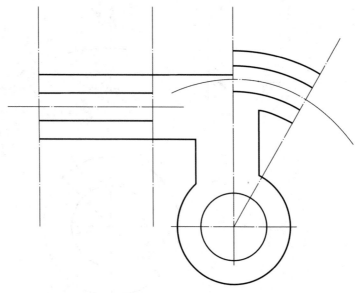

图 2-4-6　齿轮架绘制 3

（4）单击"绘图"工具栏上的"圆弧"按钮，选择"起点，圆心，端点"，完成图纸中相应圆弧的绘制，如图 2-4-7、图 2-4-8 所示。

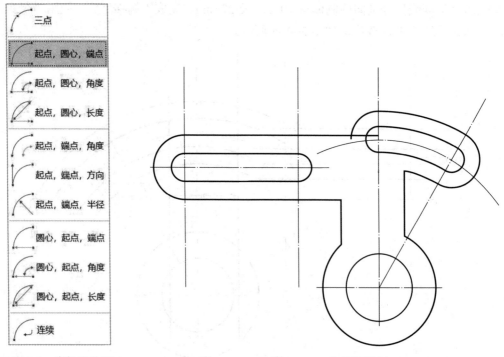

图 2-4-7　齿轮架绘制 4　　　　　　　　图 2-4-8　齿轮架绘制 5

（5）单击"绘图"工具栏上的"圆"按钮，选择"相切，相切，半径"，完成图纸中相应圆的绘制，如图 2-4-9、图 2-4-10 所示。

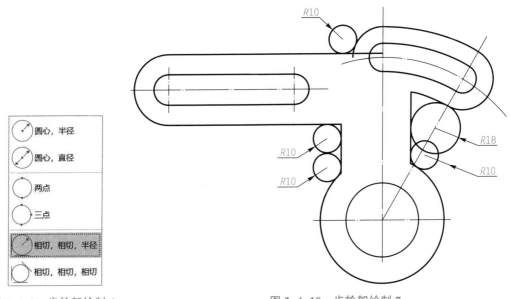

⊕ 圆心，半径	
⊕ 圆心，直径	
○ 两点	
○ 三点	
◐ 相切，相切，半径	
○ 相切，相切，相切	

图 2-4-9　齿轮架绘制 6　　　　　　　　图 2-4-10　齿轮架绘制 7

（6）单击"修改"工具栏上的"修剪"按钮⤫，对图纸相应线段进行修剪，如图 2-4-11 所示。

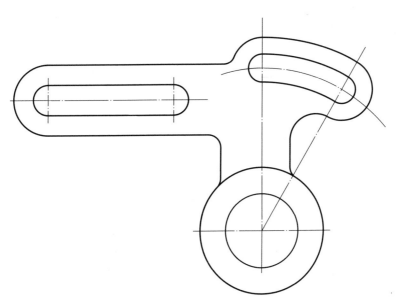

图 2-4-11　齿轮架绘制 8

（7）单击"绘图"工具栏上的"直线"按钮⟋，绘制一条垂直线段，如图 2-4-12 所示。

（8）单击"修改"工具栏上的"旋转"按钮↻，将垂直线段逆时针旋转 45°，再单击"修剪"按钮⤫，对多余线段进行修剪，齿轮架的绘制完成，如图 2-4-13 所示。

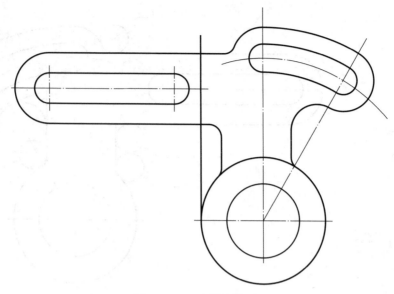

图 2-4-12　齿轮架绘制 9

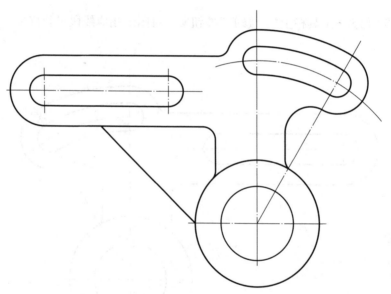

图 2-4-13　齿轮架绘制 10

齿轮架绘制

4．尺寸标注

将"尺寸线"图层设置为当前图层，单击"默认"选项卡"注释"面板中的"标注"按钮 ，在弹出的下拉菜单中分别选择"线性""角度""半径""直径"，对图纸中所有尺寸进行标注，如图 2-4-14、图 2-4-15 所示。

5．管理尺寸标注样式

对尺寸标注样式进行调整，单击"标注"工具栏上的"标注样式"按钮 ，弹出"标注样式管理器"界面，通过该界面可以命名新的尺寸样式或修改样式中的尺寸变量，如图 2-4-16 所示。

尺寸标注

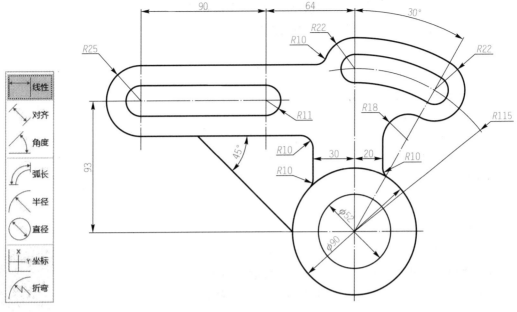

图 2-4-14
尺寸标注菜单

图 2-4-15　齿轮架尺寸标注

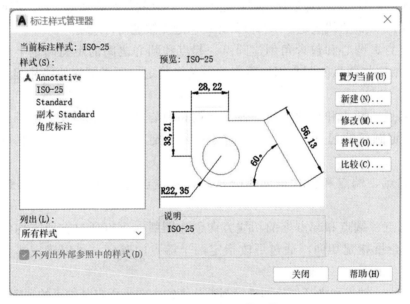

图 2-4-16　标注样式管理器

三、技能解析

1．"旋转"命令

该命令用于将所选对象在平面上绕指定基点旋转一定角度。

（1）命令执行方法：

1）菜单栏：执行菜单栏"修改"→"旋转"命令。

旋转

2）工具栏：单击"修改"工具栏中"旋转"按钮 ↻。

3）快捷键命令：在命令行输入 ROTATE。

（2）绘图方法：

```
命令：rotate
UCS 当前的正角方向 ANGDIR= 逆时针 ANGBASE=0
选择对象：选择旋转对象
指定基点：选择旋转中心点
指定旋转角度，或 [复制 (C)/参照 (R)] <0>:C
指定旋转角度：45
```

2．"圆弧"命令

该命令用于圆弧的绘制。

（1）命令执行方法：

1）菜单栏：执行菜单栏"绘图"→"圆弧"命令。

2）工具栏：单击"绘图"工具栏中"圆弧"按钮 。

3）快捷键命令：在命令行输入 ARC。

圆弧

（2）绘图方法：

1）用起点、圆心和端点创建圆弧：起点和圆心之间的距离确定半径，端点由从圆心引出的通过第三点的直线决定，所得圆弧始终从起点按逆时针绘制。

2）用起点、圆心和包含角创建圆弧：起点和圆心之间的距离确定半径。圆弧的另一端通过指定将圆弧的圆心用作顶点的夹角来确定，所得圆弧始终从起点按逆时针绘制。

3）用起点、圆心和长度创建圆弧：起点和圆心之间的距离确定半径。圆弧的另一端通过指定圆弧的起点与端点之间的弦长来确定，所得圆弧始终从起点按逆时针绘制。

4）用起点、端点和包含角创建圆弧：圆弧端点之间的夹角确定圆弧的圆心和半径。

5）用起点、端点和起点处的切线方向创建圆弧：可以通过在所需切线上指定一个点或输入角度指定切向，通过更改指定两个端点的顺序，可以确定哪个端点控制切线。

6）用起点、端点和半径创建圆弧：圆弧凸度的方向由指定其端点的顺序确定，可以通过输入半径或在所需半径距离上指定一个点来指定半径。

7）用圆心、起点和用于确定端点的第三个点创建圆弧：起点和圆心之间的距离确定半径。端点由从圆心引出的通过第三点的直线决定，所得圆弧始终从起点按逆时针绘制。

8）用圆心、起点和包含角创建圆弧：起点和圆心之间的距离确定半径，圆弧的另一端通过指定将圆弧的圆心用作顶点的夹角来确定，所得圆弧始终从起点按逆时针绘制。

9）用圆心、起点和弦长创建圆弧：用起点和圆心之间的距离确定半径，圆弧的另一端通过指定圆弧的起点与端点之间的弦长来确定，所得圆弧始终从起点按逆时针绘制。

10）创建连续圆弧：创建圆弧，使其相切于上一次绘制的直线或圆弧，创建直线或圆弧后，通过在指定起点提示下执行 ARC 命令并按 Enter 键，可以立即绘制一个在端点处相切的圆弧，只需指定圆弧的端点。

3．"尺寸标注"命令

该命令用于图形中圆弧、角度、线性等尺寸的标注。

（1）命令执行方法：

1）工具栏：单击"注释"面板中的"标注"按钮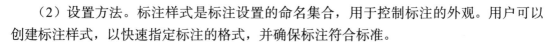。

2）快捷键命令：在命令行输入 DIM。

（2）使用方法：

1）线性标注：使用水平、竖直或旋转的尺寸线创建线性标注。

2）对齐标注：创建与尺寸界线原点对齐的线性标注。

3）角度标注：测量选定的对象或 3 个点之间的角度。可以选择的对象包括圆弧、圆和直线等。

4）弧长标注：弧长标注用于测量圆弧或多段线圆弧上的距离。弧长标注的尺寸界线可以正交或径向相交。在标注文字的上方或前面将显示圆弧符号。

5）半径标注：测量选定圆或圆弧的半径，并显示前面带有半径符号的标注文字。可以使用夹点轻松地重新定位生成的半径标注。

6）直径标注：测量选定圆或圆弧的直径，并显示前面带有直径符号的标注文字。可以使用夹点轻松地重新定位生成的直径标注。

7）坐标标注：坐标标注用于测量从原点（称为基准）到要素（例如部件上的一个孔）的水平或垂直距离。这些标注通过保持特征与基准点之间的精确偏移量来避免误差增大。

8）折弯标注：当圆弧或圆的中心位于布局之外并且无法在其实际位置显示时，将创建折弯半径标注。可以在更方便的位置指定标注的原点。

4．"标注样式"命令

该命令可以命名新的尺寸样式或修改样式中的尺寸变量。

（1）命令执行方法：

1）工具栏：单击"注释"面板中的按钮。

2）快捷键命令：在命令行输入 DIMSTYLE。

标注样式

（2）设置方法。标注样式是标注设置的命名集合，用于控制标注的外观。用户可以创建标注样式，以快速指定标注的格式，并确保标注符合标准。

四、知识储备

平面图形是由许多线段连接而成的，这些线段之间的相对位置和连接关系靠给定的尺寸来确定。画平面图形时，只有通过分析尺寸，确定线段性质，明确作图顺序，才能正确地画出图形。

1. 尺寸分析

平面图形中的尺寸按其作用可分为两类。

（1）定形尺寸。确定平面图形上几何元素形状大小的尺寸称为定形尺寸。

例如，线段长度、圆及圆弧的直径和半径、角度大小等都是定形尺寸。图 2-4-17 中的 $\phi16$、$R17$、$\phi30$、$R26$、$R128$、$R148$（黑色尺寸）等，均为定形尺寸。

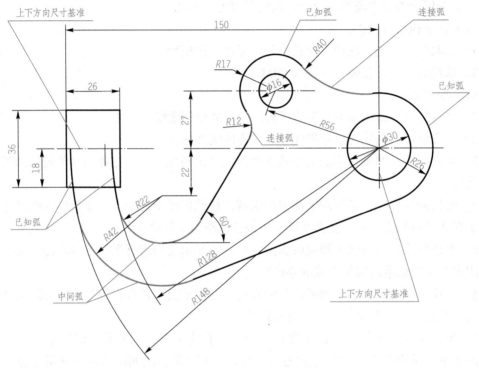

图 2-4-17　平面图形尺寸分析

（2）定位尺寸。确定几何元素位置的尺寸称为定位尺寸。在图 2-4-17 中，150 确定了左端线的位置，150 是定位尺寸；27 确定了 $\phi16$ 圆的圆心位置，27 为定位尺寸；22 确定了 $R22$、$R42$ 圆心的一个坐标值，22 为定位尺寸。标注定位尺寸时，必须有一个起点，这个起点称为尺寸基准。平面图形有长和高两个方向，每个方向至少应有一个尺寸基准。定位尺寸通常以图形的对称中心线、较长的底线或边线作为尺寸基准。图 2-4-17 中水平方向的细点画线为上下方向的尺寸基准；右侧竖直方向的细点画线为左右方向的尺寸基准。

2. 线段分析

在平面图形中，有些线段具有完整的定形和定位尺寸，绘图时，可根据标注的尺寸直接绘出；而有些线段的定位尺寸并未完全注出，要根据已注出的尺寸及该线段与相邻线段的连接关系，通过几何作图才能画出。因此，按线段的尺寸是否标注齐全，可将线段分为已知线段、中间线段和连接线段三类。

（1）已知弧。给出半径大小及圆心在两个方向定位尺寸的圆弧，称为已知弧。

图 2-4-17 中的 R17、R26、R128、R148 圆弧及 16、30 圆即为已知弧，此类圆弧（圆）可直接画出。

（2）中间弧。给出半径大小及圆心一个方向定位尺寸的圆弧，称为中间弧。

图 2-4-17 中的 R22、R42 两个圆弧，圆心的上下位置由定位尺寸 22 确定，但缺少确定圆心左右位置的定位尺寸，是中间弧。画图时，必须根据 R128 与 R22 内切、R148 与 R42 内切的几何条件（R=128-22、R=148-42），分别求出其圆心位置，才能面出 R22、R42 圆弧。

（3）连接弧。已知圆弧半径，而缺少两个方向定位尺寸的圆弧，称为连接弧。

图 2-4-17 中的 R40 圆弧，其圆心没有定位尺寸，是连接弧。画图时，必须根据 R40 圆弧与 R17、R26 两圆弧同时外切的几何条件（R=40+17、R=40+26）分别画弧，求出其圆心位置，才能画出 R40 圆弧。R12 圆弧的圆心也没有定位尺寸。画图时，必须根据 R12 圆弧与 R17 圆弧外切、R12 圆弧与 60° 直线相切的几何条件（R=12+17、作与 60° 直线距离为 12 的平行线）求出其圆心位置，才能画出 R12 圆弧。

提示：画图时，应先画已知弧，再画中间弧，最后画连接弧。

3．尺寸标注类型

AutoCAD 提供了多种尺寸标注类型（图 2-4-18）：线性标注、对齐标注、基线标注、连续标注、角度标注、半径标注、直径标注、坐标标注、引线标注、圆心标注、快速标注和公差标注。

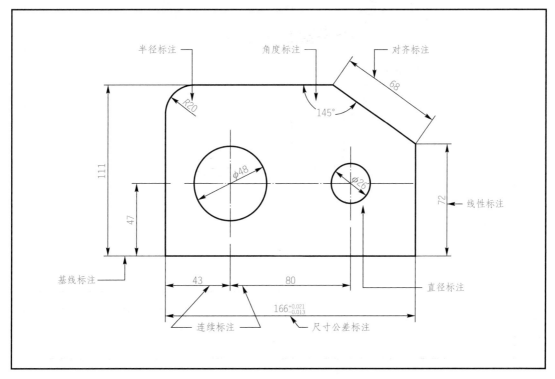

图 2-4-18　尺寸标注类型

任务五 绘制冰墩墩

绘制如图 2-5-1 所示的冰墩墩图样。

（冰墩墩）		比例	1：1	材料	
		数量	1	图号	A4
制图			××学校		
审核					

图 2-5-1　冰墩墩图样

一、任务引入

冰墩墩是 2022 年北京冬季奥运会的吉祥物。将熊猫形象与富有超能量的冰晶外壳相结合，头部外壳造型取自冰雪运动头盔，装饰彩色光环，整体形象酷似航天员，如图 2-5-2、图 2-5-3 所示。

图 2-5-2　冰墩墩

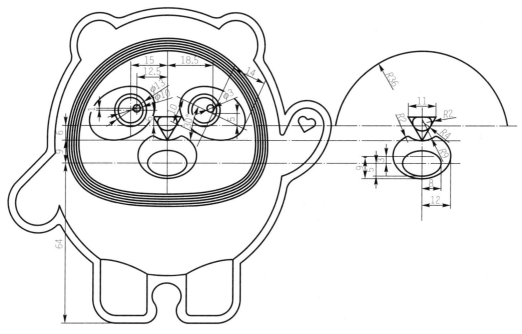

图 2-5-3　冰墩墩面部尺寸

（1）图形分析：主要由圆、圆弧、椭圆构成。

（2）线型分析：主要由粗实线构成。

（3）绘图指令分析：除了前面学习的圆指令、圆弧指令、多边形指令外，本任务着重训练椭圆指令、样条曲线指令。

（4）图形修改指令分析：除了前面学习的修剪、旋转、倒圆角指令外，着重训练镜像指令。

二、任务实施

1．打开 A4 样版图

单击快速访问工具栏上的"打开"按钮，在弹出的"选择文件"对话框中，选择冰墩墩基础模板 A4 图框文件，单击"打开"按钮，在已有基础上完成冰墩墩脸部的绘制，如图 2-5-4、图 2-5-5 所示。

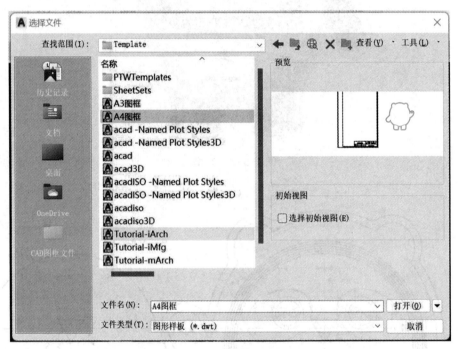

图 2-5-4　打开样板图

2．设置图层

根据线型分析，增加设置"粗实线""尺寸线""基准线"3 个图层，新建图层如图 2-5-6 所示。

3．绘制冰墩墩基准线

（1）将"基准线"图层设置为当前图层，单击"绘图"工具栏上的"直线"按钮，过冰墩墩中心位置绘制一条垂直基准线，长为 57 mm。绘制一条水平基准线，长度为 70 mm，距离冰墩墩脚底距离为 64 mm。再单击"修改"工具栏上的"偏移"按钮，将水平基准线向上方偏移 9 mm，长度调整为 72 mm，并将该基准线继续向上方偏移 6 mm。效果如图 2-5-7 所示。

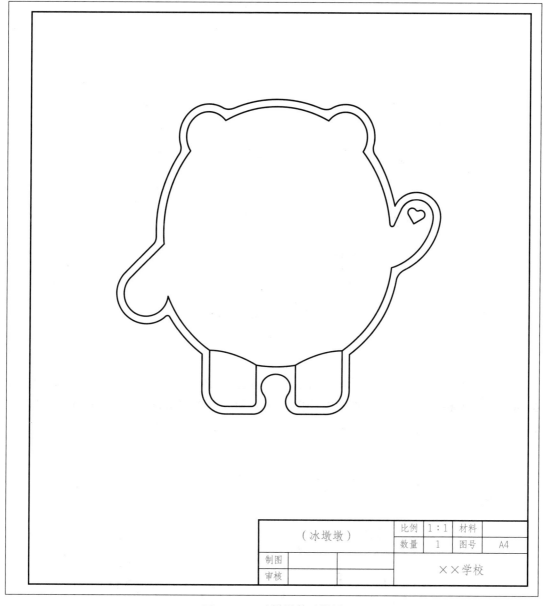

（冰墩墩）	比例	1:1	材料	
	数量	1	图号	A4
制图			××学校	
审核				

图 2-5-5　冰墩墩基础模板

图 2-5-6　图层设置

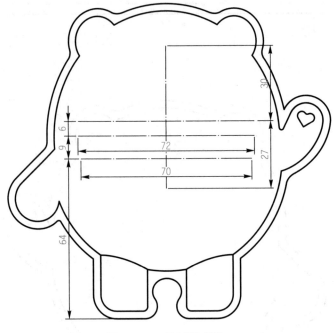

图 2-5-7　绘制基准线 1

（2）单击"修改"工具栏上的"偏移"按钮，将最上方水平基准线向上分别偏移
5 mm、6 mm 和 7 mm。将垂直基准线向左侧分别偏移 12.5 mm 和 15 mm，向右侧偏移
18.5 mm。利用"修剪"命令对该线段进行修剪，如图 2-5-8 所示。

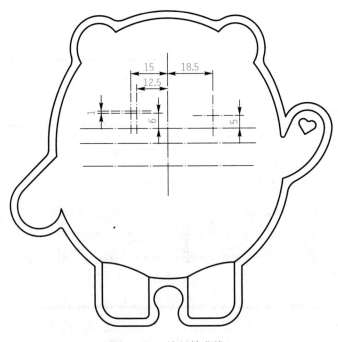

图 2-5-8　绘制基准线 2

（3）单击"修改"工具栏上的"旋转"按钮↺，将所注基准线顺时针旋转30°，基准线的绘制完成，如图2-5-9所示。

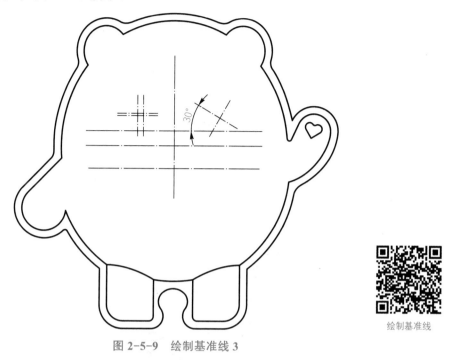

图 2-5-9　绘制基准线 3

4. 绘制冰墩墩眼睛

（1）将"粗实线"图层设置为当前图层，单击"绘图"工具栏上的"圆"按钮⊙，绘制 $\phi3$、$\phi10$ 及 $\phi13$ 的圆，如图2-5-10所示。

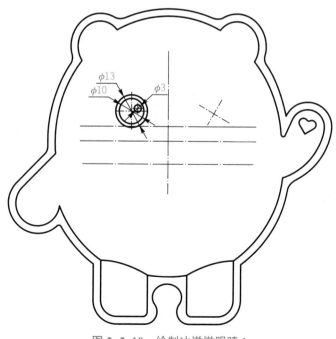

图 2-5-10　绘制冰墩墩眼睛 1

（2）单击"绘图"工具栏上的"椭圆"按钮⊙，选择"圆心"创建椭圆，绘制长半轴为 14 mm、短半轴为 10 mm 的椭圆，如图 2-5-11 所示。

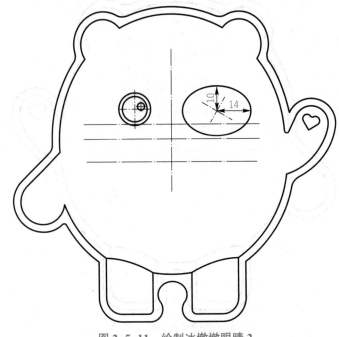

图 2-5-11　绘制冰墩墩眼睛 2

（3）单击"修改"工具栏上的"旋转"按钮↻，将椭圆顺时针旋转 30°，如图 2-5-12 所示。

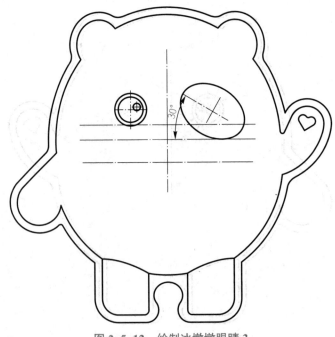

图 2-5-12　绘制冰墩墩眼睛 3

（4）单击"修改"工具栏上的"镜像"按钮◭，将绘制好的圆和椭圆以中心基准线为镜像线进行镜像，并将右侧 ϕ3 圆以 ϕ10 圆的圆心垂线为镜像线再次镜像，冰墩墩的眼睛绘制完成，如图 2-5-13、图 2-5-14 所示。

图 2-5-13　绘制冰墩墩眼睛 4

绘制眼睛

图 2-5-14　绘制冰墩墩眼睛 5

5. 绘制冰墩墩嘴巴、鼻子

（1）单击"绘图"工具栏上的"椭圆"按钮⊙，选择"圆心"绘制椭圆，绘制长半轴为 8 mm、短半轴为 5 mm 和长半轴为 12 mm、短半轴为 9 mm 的椭圆，如图 2-5-15 所示。

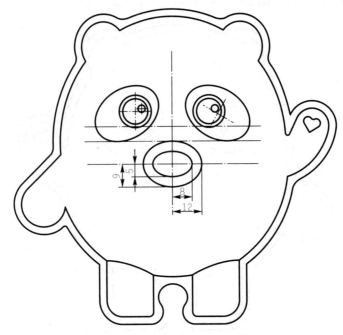

图 2-5-15　绘制冰墩墩嘴巴、鼻子 1

（2）单击"修改"工具栏上的"移动"按钮✛，将外侧椭圆向上方垂直移动 3 mm，如图 2-5-16 所示。

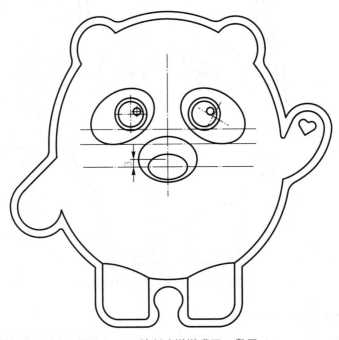

图 2-5-16　绘制冰墩墩嘴巴、鼻子 2

（3）单击"绘图"工具栏上的"圆"按钮◯，选择"两点"绘制圆，完成图纸中 *R*9 圆的绘制，利用"修改"工具栏上的"修剪"按钮✂，对该圆及相交的椭圆进行修剪，如图 2-5-17 所示。

图 2-5-17　绘制冰墩墩嘴巴、鼻子 3

（4）单击"绘图"工具栏上的"多边形"按钮⬡，绘制边长为 11 mm 的等边三角形，如图 2-5-18 所示。

图 2-5-18　绘制冰墩墩嘴巴、鼻子 4

（5）单击"修改"工具栏上的"圆角"按钮，根据图纸尺寸对嘴巴和鼻子倒圆角，如图 2-5-19 所示。

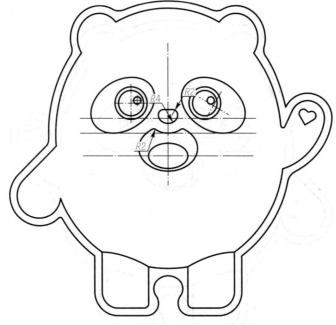

绘制嘴巴、鼻子

图 2-5-19　绘制冰墩墩嘴巴、鼻子 5

6．绘制冰墩墩脸部轮廓

（1）单击"绘图"工具栏上的"圆弧"按钮，选择"起点，圆心，端点"绘制圆弧，绘制 R36 的圆弧，利用"修改"工具栏上的"修剪"命令对该圆弧进行修剪，如图 2-5-20 所示。

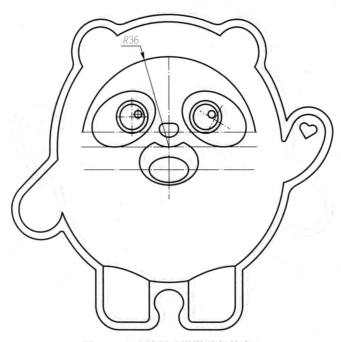

图 2-5-20　绘制冰墩墩脸部轮廓 1

（2）单击"绘图"工具栏中的"样条曲线拟合"按钮 $\sim$，以圆弧端点和基准线端点为拟合点绘制样条曲线，如图 2-5-21 所示。

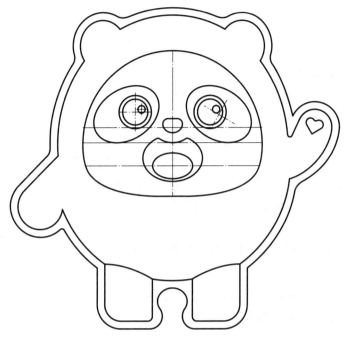

图 2-5-21　绘制冰墩墩脸部轮廓 2

（3）单击"修改"工具栏上的"偏移"按钮 ⊂，将冰墩墩脸部轮廓向外偏 5 次，单次偏移量为 1 mm，冰墩墩脸部轮廓绘制完成，如图 2-5-22 所示。

绘制脸部轮廓

图 2-5-22　绘制冰墩墩脸部轮廓 3

三、技能解析

1. "椭圆"命令

该命令用于椭圆及椭圆弧的绘制。

（1）命令执行方法：

1）工具栏：单击"绘图"工具栏中"椭圆"按钮。

2）快捷键命令：在命令行输入 ELLIPSE。

椭圆

（2）绘制方法：

1）用指定的圆心创建椭圆：使用中心点、第一个轴的端点和第二个轴的长度来创建椭圆。可以通过单击所需距离处的某个位置或输入长度值来指定距离。

2）通过轴和端点创建圆弧：椭圆上的前两个点确定第一条轴的位置和长度，第三个点确定椭圆的圆心与第二条轴的端点之间的距离。

2. "样条曲线拟合"命令

该命令可通过拟合点绘制样条曲线，如图 2-5-23 所示。

（1）命令执行方法：

1）工具栏：单击"绘图"工具栏中"样条曲线式"拟合按钮～。

2）快捷键命令：在命令行输入 SPLINE。

（2）绘制方法：

样条曲线

```
命令:spline
当前设置：方式=拟合    节点=弦
指定第一个点或[方式(M)/节点(K)/对象(O)]:M
输入样条曲线创建方式[拟合(F)/控制点(CV)]<拟合>:FIT
指定第一个点或[方式(M)/节点(K)/对象(O)]:选择拟合点P1
输入下一个点或[端点相切(T)/公差(L)/放弃(U)/闭合(C)]:选择拟合点P2
输入下一个点或[端点相切(T)/公差(L)/放弃(U)/闭合(C)]:选择拟合点P3
输入下一个点或[端点相切(T)/公差(L)/放弃(U)/闭合(C)]:选择拟合点P4
输入下一个点或[端点相切(T)/公差(L)/放弃(U)/闭合(C)]:U
```

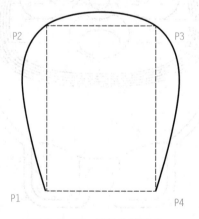

图 2-5-23　样条曲线拟合

3．"镜像"命令

该命令可将目标对象以指定的线对称镜像，以创建另一个目标对象，如图 2-5-24 所示。

镜像

（1）命令执行方法：

1）工具栏：单击"修改"工具栏中"镜像"按钮 ⚠。

2）快捷键命令：在命令行输入 MIRROR。

（2）绘制方法：

```
命令：mirror
选择对象：选择镜像对象
指定镜像线的第一点：
指定镜像线的第二点：
要删除源对象吗？[是(Y)/否(N)] <否>:N
```

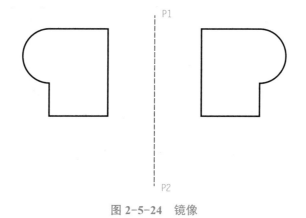

图 2-5-24　镜像

🦅 **榜样力量**

　　王义夫，1960 年 12 月 4 日出生于辽宁辽阳，中国前射击运动员，世界冠军，奥运会冠军。1977 年，王义夫在辽阳市业余体校学射击。1978 年，王义夫进入辽宁省射击队。1979 年，王义夫入选国家射击队。王义夫是中国唯一一位参加过六届奥运会的六朝元老，也是迄今为止中国年龄最大的奥运金牌得主，王义夫用忍耐和执着创造了一个老枪的神话。

▰ 课后练习

一、基础知识理论试题

1．填空题

（1）打开或关闭"捕捉"模式，除了可以通过单击绘图辅助工具栏上的"捕捉"按钮进行切换外，还可以通过_____、_____、_____进行。打开或关闭"正交"的三种方式是_____、_____、_____。

（2）打开"栅格"模式，可以直观地显示图形的_____和_____。

（3）在 AutoCAD 中，捕捉的功能分为两种：一种是_____；另一种是_____。

（4）要打开"对象捕捉"下拉菜单，除了单击鼠标右键外，还必须按住_____键或_____键。

（5）尺寸是用特定长度或角度单位表示的数值，并在技术图样上用图线、符号和技术要求表示出来。标注尺寸时，应尽可能使用符号和缩写词。常用的符号代表的含义，ϕ_____，R_____，t_____。

（6）每个完整的尺寸一般由_____、_____和_____组成，通常称为尺寸三要素，在机械图样中，尺寸线终端一般采用箭头的形式。

（7）平面图形中的尺寸按其作用可分为两类，_____和_____尺寸。

（8）标注定位尺寸时，必须有一个起点，这个起点称为_____基准。平面图形有长和高两个方向，每个方向至少应有一个_____基准。定位尺寸通常以图形的对称中心线、较长的底线或边线作为_____基准。

（9）标注角度的尺寸界线应沿径向引出，尺寸线画成圆弧，其圆心为该角的顶点，半径取适当大小，标注角度的数字一律_____方向书写，角度数字写在尺寸线的中断处，允许注写在尺寸线的上方或外面（或引出标注）。

2．选择题

（1）（   ）命令用于创建平行于所选对象或平行于两尺寸界线源点连线的直线型尺寸。

A．线性标注　　　　　　　　　B．对齐标注

C．连续标注　　　　　　　　　D．快速标注

（2）在线段编辑过程中，要一次编辑所有直线段和曲线段可以用（   ）命令。

A．直线　　　　B．多段线　　　　C．样条曲线　　　　D．圆弧

（3）样条曲线不能使用（   ）命令进行编辑。

A．删除　　　　B．移动　　　　C．修剪　　　　D．分解

（4）运用"正多边形"命令绘制的正多边形可以看作一条（   ）。

A．直线　　　　B．多段线　　　　C．样条曲线　　　　D．构造线

（5）（   ）是 AutoCAD 中另一种辅助绘图命令，它是一条没有端点而无限延伸的线，它经常用于建筑设计和机械设计的绘图辅助工作。

A．构造线　　　　B．射线　　　　C．多线　　　　D．样条曲线

（6）（   ）命令用于绘制指定内外直径的圆环或填充圆。

A．圆环　　　　B．椭圆　　　　C．圆　　　　D．圆弧

（7）（   ）命令用于等分一个选定的实体，并在等分点处设置点标记符号或图块。用户输入的数值是等分段数，而不是设置点的个数。

A．单点　　　　B．多点　　　　C．定数等分　　　　D．定距等分

二、绘图练习

1. 绘制平面图。

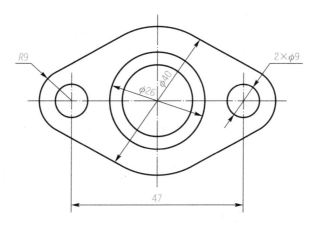

2. 绘制志愿者标识。

同色（不含黑色和灰色）圆弧半径相等、同色细线长度相等。

参数：$A = 76$，$B = 145$，$C = 160$，$D = 99$，$E = 40$，$F = 3$。

绘制志愿者标识基准线　　绘制志愿者标识轮廓线

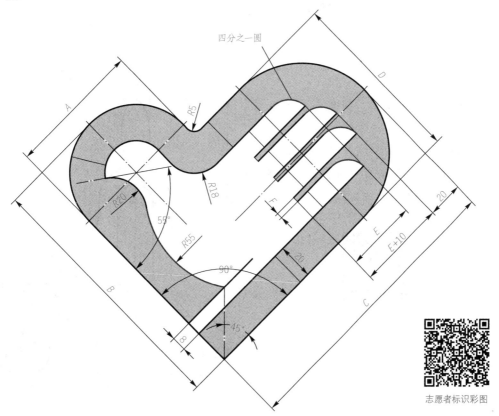

志愿者标识彩图

3．绘制绿色环保标识。

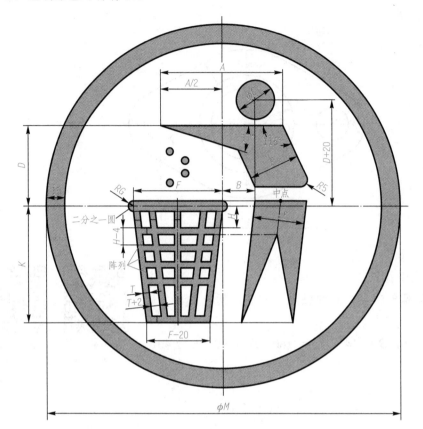

绿色环保标识
彩图

绘制绿色环保
标识

同色短线长度相等、同色直线之间相互平行。

参数：$A = 98$，$B = 27$，$C = 30$，$D = 63$，$E = 40$，$F = 74$，$G = 4.5$，$H = 18$，$K = 94$，$M = 290$，$T = 5.5$。

4．绘制挂轮架。

绘制挂轮架

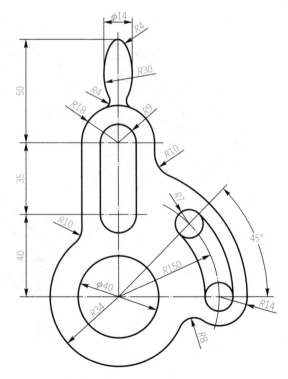

学习目标

知识目标:

1. 进一步熟悉 AutoCAD 软件绘图命令的使用方法;
2. 巩固三视图长对正、高平齐、宽相等对应关系理解。

能力目标:

1. 能读懂轴测图;
2. 能使用 AutoCAD 软件绘制三维图形的三视图。

素养目标:

1. 培育细心耐心、百折不挠的精神;
2. 培养多层次、多角度分析问题的能力。

任务一　绘制组合体三视图

绘制如图 3-1-1 所示的组合体立体图。

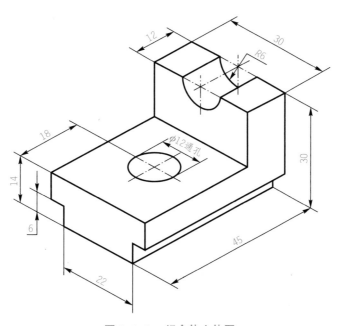

图 3-1-1　组合体立体图

一、任务引入

任何复杂的机器零件，从形体的角度来分析，都可以看成由若干基本形体（圆柱、圆锥、圆球等）按一定的方式（叠加、切割或穿孔等）组合而成的组合体。本任务以组合体为载体，绘制组合体的三视图。

（1）图形分析：组合体由直线、圆、圆弧组成。

（2）线型分析：线型有粗实线、细实线、尺寸线、虚线、中心线。

（3）绘图命令分析：重点复习直线、圆、圆弧等命令。

（4）图形修改命令分析：重点复习修剪、偏移、复制等命令。

（5）确定视图的视角：按照在主视图中反映最多图形信息的原则确定视角，如图 3-1-2 所示。

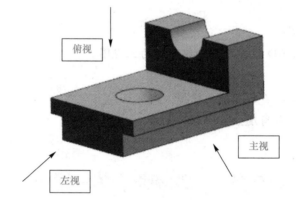

图 3-1-2　三视图视角图

彩图 3-1-2

二、任务实施

（1）调用 A4 样板图，操作如前。

（2）绘制水平中心线、垂直线和定位线，如图 3-1-3 所示。

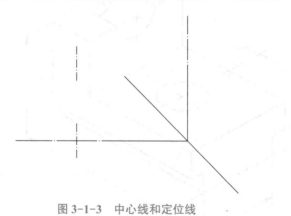

图 3-1-3　中心线和定位线

绘图组合体
三视图

（3）绘制中灰色区域面三视图。

1）绘制直线 1-2 长 45 mm，直线 2-3 长 30 mm，直线 3-4 长 12 mm，直线 4-5 长

16 mm，直线5-6长33 mm；分别在俯视图和左视图中积聚成一条直线，如图3-1-4所示。

2）将直线1-2向上偏移6 mm，直线9-10向上偏移4 mm，更改为虚线图层，并根据投影关系绘制左视图，修剪后如图3-1-5所示。

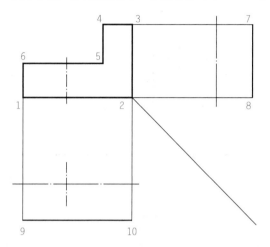

图3-1-4　主视图方向的三视图绘制　　　图3-1-5　完成主视图方向的三视图绘制

（4）绘制浅灰色区域面三视图。

1）将直线9-10向上偏移30 mm，得到直线11-12，连接点11和9，12和10；将虚线进行偏移，距离为22 mm；根据投影关系绘制左视图直线13-14和15-16并进行修剪，如图3-1-6所示。

2）绘制ϕ12通孔。根据投影关系完成孔的三视图绘制，如图3-1-7所示。

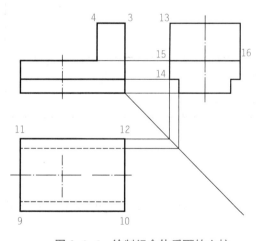

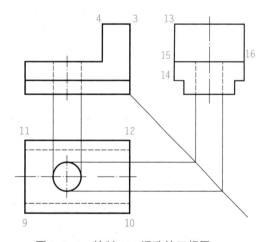

图3-1-6　绘制组合体后面的立柱　　　图3-1-7　绘制ϕ12通孔的三视图

（5）绘制组合体R6的半圆，如图3-1-8所示。

（6）调整基准线的长度，删除辅助线，完成组合体三视图的绘制，如图3-1-9所示。

（7）加尺寸标注，完成组合体三视图，如图3-1-10所示。

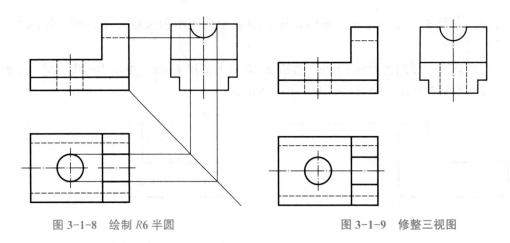

图 3-1-8 绘制 R6 半圆   图 3-1-9 修整三视图

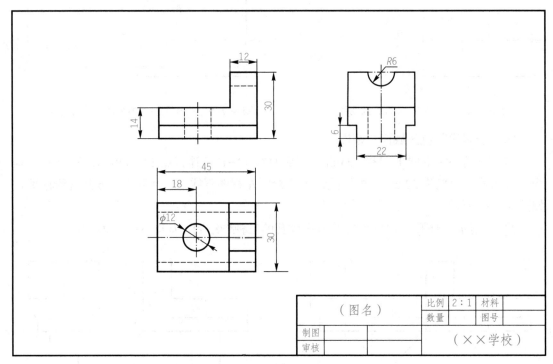

图 3-1-10 组合图三视图

三、知识储备

将物体置于三投影面体系内，然后从物体的三个方向进行观察，就可以在三个投影面上得到三个视图。规定的名称如下：

（1）主视图——由前向后投射在正面所得的视图。

（2）俯视图——由上向下投射在水平面所得的视图。

（3）左视图——由左向右投射在侧面所得的视图。

这三个视图统称为三视图。

三视图的对应关系：主俯长对正；主左高平齐；俯左宽相等。

三视图之间的"三等"规律不仅反映在物体的整体上，也反映在物体的任意一个局部结构上，这一规律是画图和看图的依据，必须深刻理解和熟练运用。

任务二　绘制轴承端盖三视图

绘制如图 3-2-1 所示轴承端盖的三视图，投影视角图如图 3-2-2 所示。

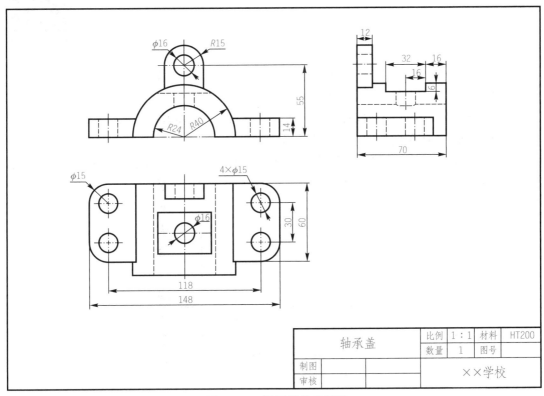

图 3-2-1　轴承端盖三视图

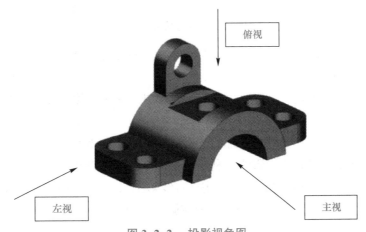

图 3-2-2　投影视角图

一、任务引入

（1）图形分析：组合体由直线、圆组成。

（2）线型分析：线型有粗实线、细实线、尺寸线、虚线、中心线。

（3）绘图命令分析：重点复习直线、圆、圆弧等命令。

（4）图形修改命令分析：重点复习修剪、偏移、复制等命令。

（5）确定视图的视角：按照在主视图中反映最多图形信息的原则确定视角，如图 3-2-2 所示。

轴承端盖视图 1

轴承端盖视图 2

二、任务实施

（1）调用 A4 样板图，操作如前。

（2）绘制水平中心线、垂直线和定位线，如图 3-2-3 所示。

1）在图形界限中间偏下位置利用直线命令绘制主视图水平中心线（高度基准），在适合位置绘制主视图和俯视图垂直线中心线。

2）在俯视图利用直线命令绘制半圆柱体宽度基准，在左视图绘制半圆柱体宽度基准和高度基准，如图 3-2-3 中的直线 AB、CD、DF。

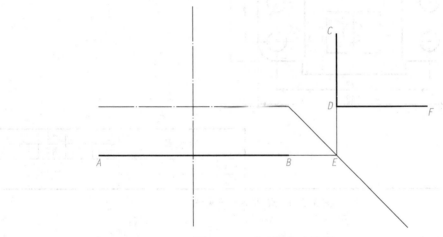

图 3-2-3　中心线和定位线

3）利用直线命令，在直线 AB、CD 延长线相交点 E 处，绘制辅助线（角平分线），保证俯、左视图宽相等。

（3）绘制空心半圆柱体三视图。首先画主视图（反映物体特征视图），其次画俯视图和左视图，如图 3-2-4 所示。

1）粗实线为当前层。利用圆弧命令，绘制主视图 R40 半圆。

2）绘制俯、左视图 R40 投影线。利用偏移命令，分别以直线 AB、CD 为偏移对象，偏移距离为 70 mm，向下和向右偏移，获得直线 GH、IJ。以俯视图中心线和左视图直线 DF 为偏移对象，偏移距离为 40 mm，分别在俯视图中心线向左、右偏移和左视图向上偏移，获得直线 KL、MN、PQ。

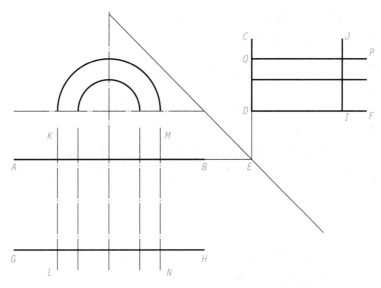

图 3-2-4　利用圆弧和偏移命令，绘制空心半圆柱体三视图

3）绘制 $R24$ 半圆三视图。方法同步骤（1）、（2），主视图 $R24$ 半圆还可利用偏移命令实现。

4）修剪多余线段和调整线型，如图 3-2-5 所示。

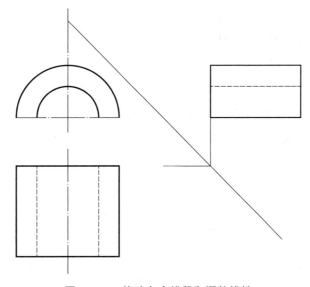

图 3-2-5　修改多余线段和调整线性

利用修剪命令，以俯视图轮廓线，左视图左、右方直线和上方直线为剪切边界，剪断多余线段。利用夹点选中俯视图和左视图内孔线，虚线层设为当前层，俯、左视图内孔线变为虚线。利用夹点选中俯视图右方和左方线，粗实线设为当前层，俯视图右方和左方直线变为粗实线。利用直线命令，用粗实线绘制主视图两个半圆之间距离。

（4）绘制空心半圆柱体上方切割槽轮廓线。

1）利用偏移命令，以俯视图下方和左视图右方直线为偏移对象，偏移距离为16 mm，获得直线 RS 和左视图直线 1-2。

2）利用偏移命令，以直线 RS 和直线 1-2 为偏移对象，偏移距离为 32 mm，获得直线 UV 和直线 3-4。

3）利用偏移命令，以主视图水平中心线和左视图直线 4-2 为偏移对象，偏移距离为34 mm，获得直线 WX 和 YZ。

4）开启"极轴追踪"，利用直线命令，分别在主视图光标捕捉 W 和 X 点沿"极轴追踪"线向下移动，在直线 UV 和 RS 之间绘制直线 5-6 和直线 7-8。效果如图 3-2-6 所示。

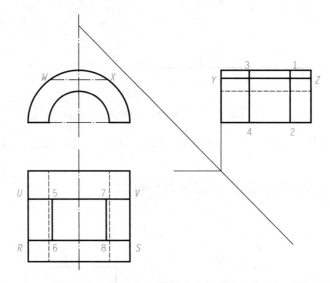

图 3-2-6　利用偏移和直线命令绘制空心半圆柱体上方切割槽轮廓线

5）修剪多余线段和调整线型。利用修剪命令，修剪多余线段。用夹点选中直线 WX，虚线层设为当前层，直线 WX 由点画线变为虚线。效果如图 3-2-7 所示。

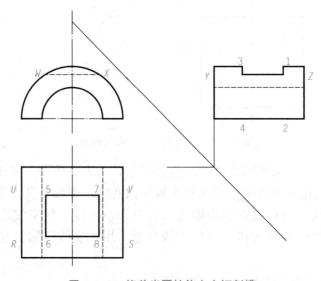

图 3-2-7　修剪半圆柱体上方切割槽

（5）绘制半圆柱上方切割槽内圆柱孔三视图。

1）利用偏移命令，以直线 6-8、1-9 为偏移对象，偏移距离为 16 mm，获得 $\phi16$ 在俯视图和左视图的中心线。

2）用夹点选中上一步骤偏移的中心线，将点画线层设为当前层，将中心线由粗实线变为点画线，并且用夹点选中左视图 $\phi16$ 圆中心线，向下拉长中心线超出虚线 3～5 mm。

3）利用圆命令绘制俯视图 $\phi16$ 圆。

4）利用偏移命令，以主视图垂直中心线和左视图 $\phi16$ 中心线为偏移对象，偏移距离为 8 mm，绘制 $\phi16$ 圆孔在主视图和左视图的投影。

5）利用修剪命令，修剪 $\phi16$ 圆孔在主视图和左视图的投影高度，夹点选中 $\phi16$ 圆孔在主视图和俯视图的投影，当前层设为虚线，$\phi16$ 圆孔投影变为虚线，如图 3-2-8 主、左视图虚线所示。

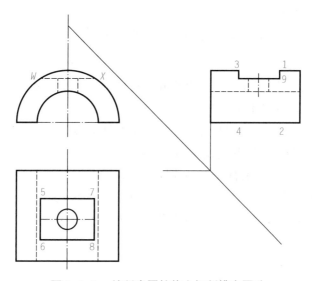

图 3-2-8　绘制半圆柱体上切割槽内圆孔

6）求出 $R24$ 半圆孔与 $\phi16$ 圆孔左视图相贯线。左视图中 10、12 点是相贯线最高点，10、12 点是与主视图 $R24$ 上象限点高平齐。11 点是最低点。11 点位置与主视图 13 点位置是对应的，所以它们之间是高平齐。效果如图 3-2-9 所示。

将虚线层设置为当前层，利用圆弧命令，绘制左视图相贯线。

7）绘制相贯线，如图 3-2-10 所示。

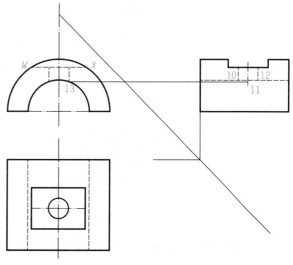

图 3-2-9　绘制半圆柱体上切割槽内圆孔相贯线

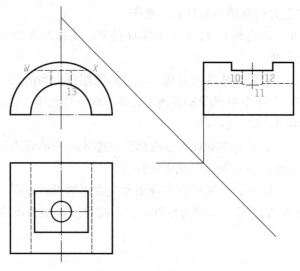

图 3-2-10　绘制半圆柱体上切割槽内圆孔左视图相贯线

（6）绘制空心半圆柱体两侧长方体三视图。

1）利用偏移命令，以俯视图上方直线和左视图左方直线为偏移对象，向下和向右偏移距离为 60 mm，获得直线 13-14、15-16。

2）利用偏移命令，以主视图和俯视图垂直中心线为偏移对象，向左、向右偏移距离为 74，获得主视图两条点画线和俯视图两条点画线。

3）利用偏移命令，以主视图和左视图下方直线为偏移对象，向上偏移距离为 14 mm，主视图和左视图获得直线（由下往上数第二条水平线）。

利用偏移命令完成步骤 1）～ 3）的结果如图 3-2-11 所示。

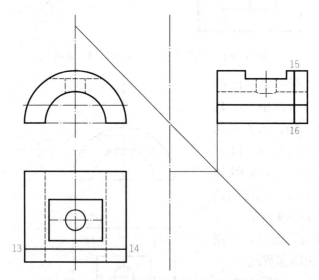

图 3-2-11　利用偏移命令绘制长方体轮廓线

4）利用延伸命令，将主视图和俯视图长度尺寸延长到最左和最右点画线，如图 3-2-12 所示。

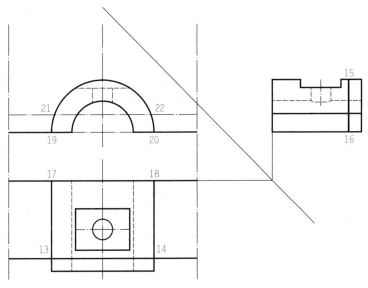

图 3-2-12　利用延伸命令绘制长方体投影轮廓线

5）修剪两侧长方体在三视图投影的多余线段。利用修剪命令，以直线 13-14，直线 17-18，直线 19-20，直线 21-22，直线 13-17，直线 14-18，R40 半圆和左视图直线 15-16，由下向上数第二条水平线为剪切边界，剪断多余线段。

6）绘制长方体与空心半圆柱体相交线。利用直线命令和极轴追踪，在主视图分别捕捉 21 点光标沿极轴追踪线向下移动与直线 17-18 相交 24 点单击，光标继续向下移动与 13 点水平直线对齐单击，光标向左移动与 13 点重合单击确定。直线 23-24 是长方体与空心半圆柱体在俯视图的相交线，同样方法求出相交线 25-26。用夹点选中直线 23-24、直线 25-26，粗实线层为当前层，直线 23-24、直线 25-26 变为粗实线，删除辅助线直线 21-24、直线 22-26。结果如图 3-2-13 所示。

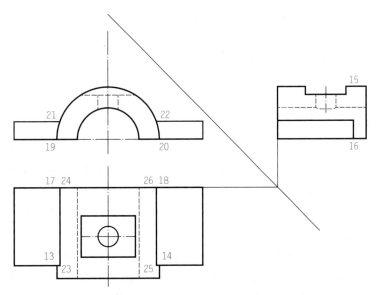

图 3-2-13　利用直线命令绘制长方体与空心半圆柱体相交线

（7）绘制空心半圆柱体两侧带有圆角长方体并且切割四个圆孔三视图。

1）利用圆角命令，设置当前模式为修剪，圆角半径设置为 5 mm，选择对象分别为俯视图中长方体四个直角边。

2）利用圆命令，在俯视图左上角圆角附近捕捉圆角"圆心"，以圆角圆心绘制一个直径为 15 mm 的圆孔。将中心线层设置为当前层，在 ϕ15 圆上绘制水平、垂直中心线，中心线的长度超出 ϕ15 圆轮廓线 3 ～ 5 mm。

3）利用复制命令，以 ϕ15 圆和水平、垂直中心线为选择对象，基点为 ϕ15 圆圆心，第二个点分别为另 3 个圆角的圆心。

4）绘制 ϕ15 圆在主视图中心线。利用直线命令，点画线层设为当前层。光标捕捉俯视图左上角圆的圆心或垂直中心线与圆交点，沿极轴追踪线向上移动，距离主视图 3 ～ 5 mm 处单击鼠标左键（使这条线断开，便于删除），继续向上移动超出长方体上面线 3 ～ 5 mm 处单击确定结束中心线绘制。

绘制的 ϕ15 圆三视图如图 3-2-14 所示。

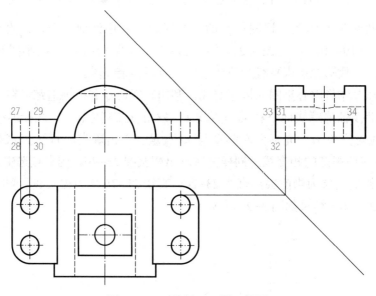

图 3-2-14　绘制 ϕ15 圆三视图

（8）绘制 ϕ15 圆在主视图投影。

1）利用直线命令，虚线层设为当前层，光标捕捉俯视图左上角圆的左象限点或水平中心线与圆交点，沿极轴追踪线向上移动，在主视图长方形上下直线之间绘制虚线。利用镜像命令，以左边 ϕ15 圆直线 27-28 为选择对象，ϕ15 圆中心线为镜像线，获得虚线 29-30。同理以 ϕ15 圆中心线，虚线 27-28、29-30 为选择对象，半圆中心线为镜像线，获得俯视图右边 ϕ15 圆在主视图的投影。

2）绘制 ϕ15 圆在左视图中心线。利用直线命令，将点画线层设置为当前层。光标捕捉俯视图右上角圆的圆心或水平中心线与圆交点，沿极轴追踪线向右移动与角平分线相交单击，沿极轴追踪向上移动距离左视图 3 ～ 5 mm 处单击（使这条线断开，便于删除），继续向上移动超出直线 33–34 有 3 ～ 5 mm 处单击鼠标左键确定结束中心线绘制。

镜像

3）绘制 $\phi 15$ 圆在左视图投影。利用直线命令，将虚线层设置为当前层，光标捕捉俯视图右上角 $\phi 15$ 圆的上象限点或垂直中心线与圆交点，沿对象追踪线向右移动与角平分线相交单击，沿对象追踪向上移动在 32 点处单击（使这条线断开，便于删除），继续向上移动在 31 点处单击鼠标确定结束虚线绘制。利用镜像命令，绘制 $\phi 15$ 圆在左视图右边投影。

移动

4）删除多余辅助线。

（9）绘制带有半圆长方体三视图。

1）绘制半圆长方体主视图、左视图基准线。利用偏移命令，以主视图和左视图最下方线为偏移对象，向上偏移距离为 55，获得直线 43–44。用夹点选中直线 44，将基准线层设置为当前层，直线 44 由粗实线变为中心线。

2）绘制半圆长方体在主视图投影。利用圆弧命令，绘制 $R15$ 半圆。利用直线命令，光标分别捕捉半圆左右端点沿极轴追踪线向下移动与 $R40$ 半圆分别相交 39 点、40 点，获得过 39 点、40 点垂直线。

3）绘制半圆长方体在俯、左视图投影。利用偏移命令，以直线 17–18 和左视图最左边直线为偏移对象，分别向下和向右偏移距离为 12，获得直线 35–36 和直线 37–38。

利用直线命令，光标捕捉 39 点沿极轴追踪线向下移动与 17–18 直线相交单击，继续沿极轴追踪线向下移动交于 35 点单击鼠标左键确定，获得过 35 点垂直线。同样方法，求得过 36 点垂直线。

4）利用直线命令，光标捕捉 40 点沿极轴追踪线向右移动与最左直线相交 41 点单击，继续沿极轴追踪线向右移动交与 42 点单击确定，获得过直线 41–42。

5）利用修剪命令和删除命令，删除多余线段，如图 3-2-15 所示。

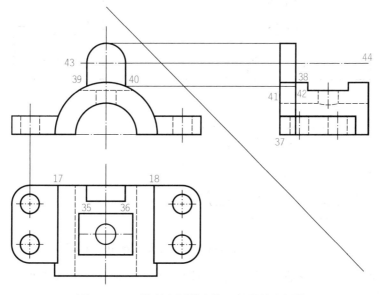

图 3-2-15　绘制半圆长方体三视图轮廓投影

（10）绘制半圆长方体内圆孔三视图。绘制的半圆长方体为圆孔三视图如图 3-2-16 所示。

1）利用复制命令，以俯视图一个 $\phi15$ 圆为选择对象，$\phi15$ 圆圆心为第一个基点，第二点为 43 直线与垂直中心线交点，绘制出 $\phi15$ 圆。

2）利用直线命令或偏移命令，绘制 $\phi15$ 圆在俯视图和左视图的投影，方法同上。

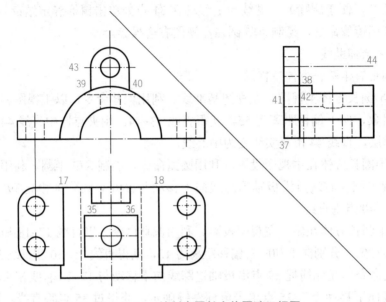

图 3-2-16　绘制半圆长方体圆孔三视图

（11）完成全图，删除多余线段，调整三视图中心线长度超出轮廓线 3～5 mm，如图 3-2-17 所示。

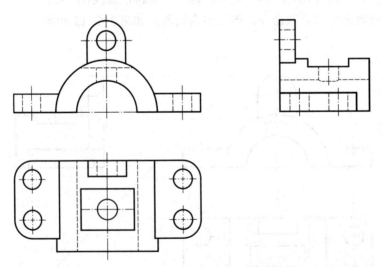

图 3-2-17　删除多余线段，调整三视图中心线长度

（12）加尺寸标注，完成轴承端盖三视图。加尺寸标注，完成轴承端盖三视图，如图 3-2-1 所示。

三、知识储备

任何复杂的机器零件，从形体的角度来分析，都可以看成由若干基本形体（圆柱、圆锥、圆球等）按一定的方式（叠加、切割或穿孔等）组合而成的。由两个或两个以上的基本形体组合构成的整体，称为组合体。

1. 组合体的构成

组合体按其构成的方式，可分为叠加和切割两种。叠加型组合体是由若干基本形体叠加而成的；切割型组合体是由基本形体经过切割或穿孔后形成的。多数组合体则是既有叠加又有切割的综合型。

图 3-2-18 所示的支座，可看成由一块长方形底板（穿孔，即切去一个圆柱体）、两块尺寸相同的梯形立板、一块半圆形立板（穿孔，即切去一个圆柱体）叠加起来组成的综合型组合体，如图 3-2-19 所示。

画组合体的三视图时，可采用"先分后合"的方法，即假想将组合体分解成若干个基本形体，然后按其相对位置逐个画出各基本形体的投影，综合起来即得到整个组合体的视图。这样，就可把一个比较复杂的问题分解成几个简单的问题加以解决。

为了便于画图，通过分析，将组合体分解成若干个基本形体，并搞清它们之间的相对位置和组合形式，这种方法称为形体分析法。

图 3-2-18　支座　　　　　图 3-2-19　支座的形体分解

2. 组合体相邻表面之间的连接关系及画法

讨论相邻两形体间的连接形式，以利于分析接合处两形体分界线的投影。

（1）共面。如图 3-2-20（a）所示，两形体的邻接表面共面，在共面处没有交线，其主视图如图 3-2-20（b）所示。图 3-2-20（c）所示为多画线的错误图例。

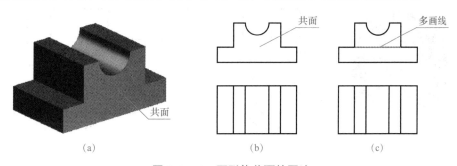

（a）　　　　　　　　　（b）　　　　　　　　　（c）

图 3-2-20　两形体共面的画法

如图 3-2-21（a）所示，两形体的邻接表面不共面，绘制其主视图时，在两形体的连接处应画出交线，如图 3-2-21（b）所示。图 3-2-21（c）所示为漏画线的错误图例。

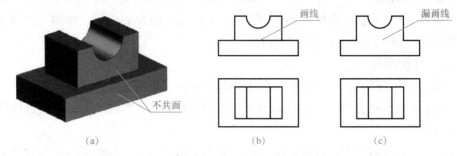

图 3-2-21　两形体不共面的画法

（2）相切。图 3-2-22（a）所示的组合体由耳板和圆筒组成。耳板前后两平面与外侧大圆柱表面光滑连接，即相切，在水平投影中，表现为直线和圆弧相切。在其正面和侧面投影中，相切处不画线，耳板上表面的投影只画至切点处，如图 3-2-22（b）所示。图 3-2-22（c）所示为在相切处多画线的错误图例。

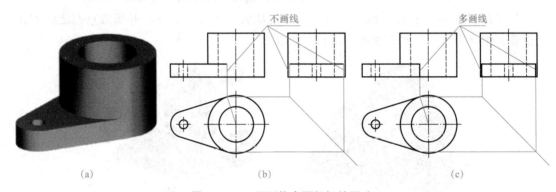

图 3-2-22　两形体表面相切的画法

（3）相交。图 3-2-23（a）所示的组合体也是由耳板和圆筒组成的，但耳板前后两平面平行，与左右一小一大两圆柱面相交，在水平投影中，表现为直线和圆弧相交。在其正面和侧面投影中，应画出交线，如图 3-2-23（b）所示。图 3-2-23（c）所示为在相交处漏画线的错误图例。

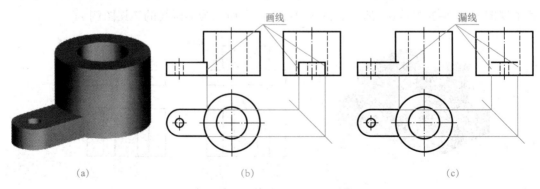

图 3-2-23　两形体表面相交的画法

如图 3-2-24（a）、（c）所示，无论是两实心形体相邻表面相交，还是实心形体与空心形体相邻表面相交，只要形体的大小和相对位置一致，其交线就完全相同。当两实心形体相交时，两实心形体已融为一体，圆柱面上原来的一段轮廓线已不存在，如图 3-2-24（b）所示。圆柱被穿矩形孔后，圆柱面上原来的一段轮廓线已被切掉，如图 3-2-24（d）所示。

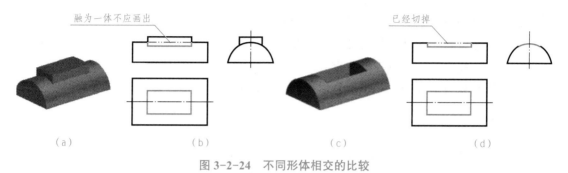

图 3-2-24　不同形体相交的比较

任务三　绘制轴承座三视图

绘制如图 3-3-1 所示的轴承座三视图。

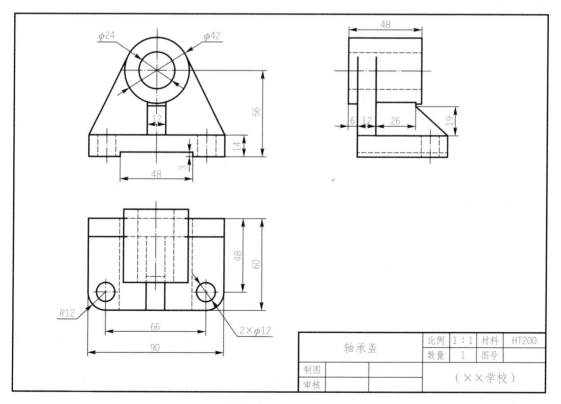

图 3-3-1　轴承座三视图

轴承座三视图 1

轴承座三视图 2

一、任务引入

（1）图形分析：轴承座由直线、圆、圆弧组成。

（2）线型分析：线型有粗实线、细实线、尺寸线、虚线、中心线。

（3）绘图命令分析：重点复习直线、圆、圆弧等命令。

（4）图形修改命令分析：重点复习修剪、偏移、复制、镜像等命令。

二、任务实施

（1）调用 A4 样板图，操作如前。

（2）单击状态栏中的"正交"、"对象捕捉"、"对象捕捉追踪"按钮，选择捕捉对象"端点""切点""中点"。

（3）基准线绘制：利用线段、偏移命令在正交模式下绘制三视图基准线，如图 3-3-2 所示。

（4）底座三视图绘制：利用线段（或者矩形）、画圆、倒圆弧角命令绘制底座的三视图，如图 3-3-3 所示。

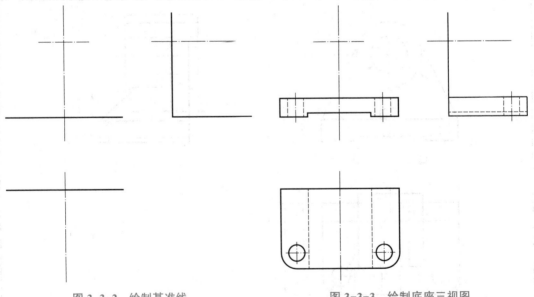

图 3-3-2　绘制基准线　　　　　图 3-3-3　绘制底座三视图

（5）圆筒三视图的绘制：利用画圆、画线段命令绘制圆筒的三视图，如图 3-3-4 所示。

（6）支承板三视图的绘制：利用画线段命令，并根据不可见性，修改部分线段的线型，如图 3-3-5 所示。

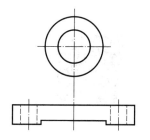
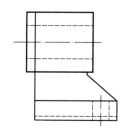
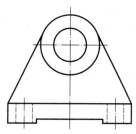
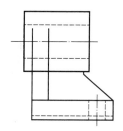

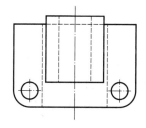

图 3-3-4　绘制圆筒三视图　　　　　　图 3-3-5　绘制支承板三视图

（7）肋板的三视图绘制：利用直线命令，并根据不可见性，修改部分线段的线型，轴承座的三视图如图 3-3-6 所示。

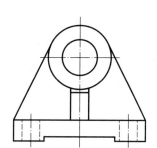
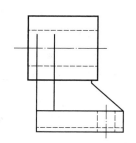

（8）加尺寸标注，完成轴承座盖三视图，如图 3-3-1 所示。

三、技能解析

缩放命令能将被选择对象相对于基点按照比例放大或缩小。

缩放命令的执行方法如下：

（1）工具栏：单击"修改"工具栏中"修改"按钮。

（2）快捷键命令：在命令行输入 SCALE 或 SC。

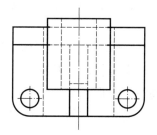

图 3-3-6　轴承座三视图

运行该命令后，AutoCAD 首先要求选择对象，然后要求指定缩放基点（基点是指在比例缩放中的基准点，一旦选定基点，拖动光标时图像将按移动的幅度放大或缩小），最后要求输入缩放比例因子或进入"参照（R）"选项。该选项要求用户指定参考长度和新长度，系统将用这两个长度的比值来确定缩放比例。

图 3-3-7（a）所示的矩形框中心点与圆的圆心相同，下面的操作过程将缩放矩形框，使矩形框的四个角点正好位于圆周上，如图 3-3-7（b）所示。

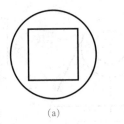 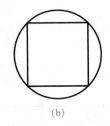

缩放

　　　　（a）　　　　　　　　　　　（b）

图 3-3-7　缩放实例

（a）缩放前；（b）缩放后

四、知识储备

　　视图只能表达组合体的结构和形状，要表示它的大小，则需通过图中所标注的尺寸。组合体尺寸标注的基本要求：正确、完整、清晰。正确是指所注尺寸符合国家标准的规定；完整是指所注尺寸既不遗漏，也不重复；清晰是指尺寸注写布局整齐、清楚，便于看图。

　　1. 尺寸标注的基本要求

　　（1）正确性。应确保尺寸数值正确无误，所注的尺寸（包括尺寸数字、符号、箭头、尺寸线和尺寸界线等）要符合国家标准的有关规定。

　　（2）完整性。为了将尺寸注得完整，应先按形体分析法标注出确定各基本形体的定形尺寸；再标注确定它们之间相对位置的定位尺寸；最后根据组合体的结构特点，标注出总体尺寸。

　　1）定形尺寸。确定组合体中各基本形体的形状和大小的尺寸，称为定形尺寸。

　　如图 3-3-8（a）所示，底板的定形尺寸有长 70、宽 40、高 12，圆孔半径 $2 \times R5$，圆角半径 $R10$；立板的定形尺寸有长 32、宽 12、高 38，圆孔直径 $\phi16$。

　　提示：相同的圆孔要标注孔的数量（如 $2 \times R5$），但相同的圆角无须标注数量。两者都不要重复标注。

　　2）定位尺寸。确定组合体中各基本形体之间相对位置的尺寸，称为定位尺寸。

　　标注定位尺寸时，应先选择尺寸基准。尺寸基准是指标注或测量尺寸的起点。由于组合体具有长、宽、高三个方向的尺寸，每个方向都应有尺寸基准，以便从基准出发，确定基本形体在各方向上的相对位置。选择尺寸基准必须体现组合体的结构特点，并便于尺寸度量。

　　通常以组合体的底面、端面、对称面、回转体轴线等作为尺寸基准。如图 3-3-8（b）所示，组合体左右对称面为长度方向的尺寸基准，由此注出两圆孔的定位尺寸 50；底板的后端面为宽度方向的尺寸基准，由此注出底板上圆孔的定位尺寸 30 及立板与后端面的定位尺寸 8；底板的底面为高度方向的尺寸基准，由此注出立板上圆孔与底面的定位尺寸 34。

　　3）总体尺寸。确定组合体外形的总长、总宽、总高尺寸称为总体尺寸。

　　如图 3-3-8（c）所示，该组合体总长和总宽尺寸即底板的长 70、宽 40，不再重复标注。总高尺寸 50 从高度方向的尺寸基准注出。总高尺寸标注之后，要去掉立板的高度尺寸 38，否则会出现多余尺寸。

提示：当组合体的一端或两端为回转体时，总体尺寸是不能直接注出的，否则就会出现重复尺寸。如图 3-3-9 所示组合体，其总长尺寸（76=52+R12×2）和总高尺寸（42=28+R14）是间接确定的，因此，图 3-3-10 所示标注总长 76、总高 42 是错误的。

综上所述，定形尺寸、定位尺寸、总体尺寸可以相互转化。实际标注尺寸时，应认真分析，避免多注或漏注尺寸。

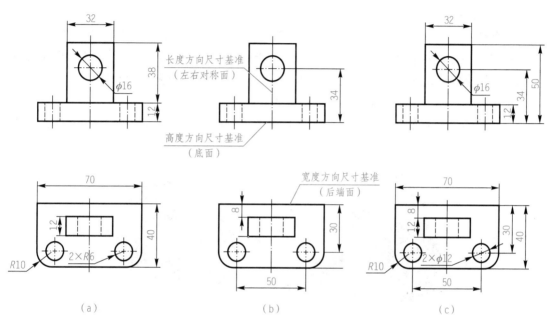

（a）　　　　　　　　（b）　　　　　　　　（c）

图 3-3-8　组合体的尺寸标注

（a）定形尺寸；（b）定位尺寸；（c）总体尺寸

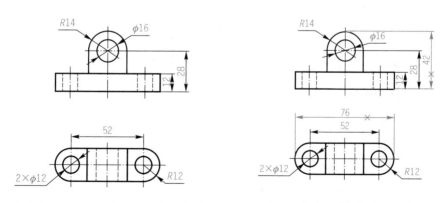

图 3-3-9　不注总体尺寸的情况（正确）　　　图 3-3-10　注总体尺寸（错误）

（3）清晰性。尺寸标注除要求完整外，还要求标得清晰、明显，以方便看图。为此，标注尺寸时应注意以下几个问题。

1）定形尺寸尽可能标注在形体特征明显的视图上，定位尺寸尽可能标注在位置特征清楚的视图上。

2）同一形体的尺寸应尽量集中标注。

3）直径尺寸尽量标注在投影为非圆的视图上，圆弧的半径应注在投影为圆的视图上。

4）尺寸尽量不标注在细虚线上。

5）平行排列的尺寸应将较小尺寸注在里面（靠近视图），大尺寸注在外面。

6）尺寸应尽量标注在视图外边，相邻视图的相关尺寸最好标注在两个视图之间，避免尺寸线、尺寸界线与轮廓线相交。

2. 组合体标注实例

组合体是由一些基本形体按一定的联系组合而成的。因此，在标注组合体的尺寸时，首先应按形体法将组合体分解为若干基本形体，再标注出各基本形体的定形尺寸和各基本形体之间的定位尺寸，以及组合体长、宽、高三个方向的总体尺寸。

例题：标注图 3-3-11（c）所示轴承座的尺寸。

（1）分析。根据轴承座的结构特点，将轴承分解成底板、圆筒、支承板和肋板四部分，如图 3-3-11（a）、（b）所示。

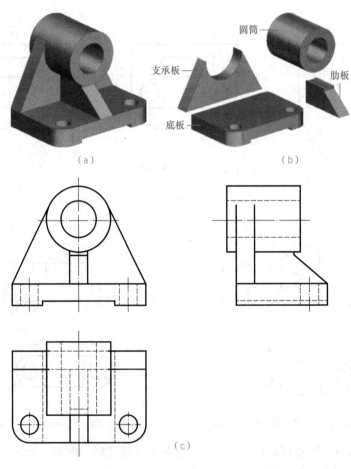

图 3-3-11　轴承座及形体分析

（a）轴承座；（b）轴承座分解；（c）轴承座三视图

（2）标注。

1）逐个标注出各基本形体的定形尺寸。标注尺寸时，应先进行形体分析，将轴承座分解成底板、圆筒、支承板、肋板四部分，分别标注出其定形尺寸，如图3-3-12（a）所示。

2）选定尺寸基准，标注定位尺寸。由轴承座的结构特点可知，底板的底面是轴承座的安装面，底面可作为高度方向的尺寸基准；轴承座左右对称，其对称面可作为长度方向的尺寸基准；底板和支承板的后端面可作为宽度方向的尺寸基准，如图3-3-12（b）所示。

3）尺寸基准选定后，按各部分的相对位置，标注它们的定位尺寸。圆筒与底板上下方向的相对位置，需标注圆筒轴线到底板底面的中心距56；圆筒与底板前后方向的相对位置，需标注圆筒后端面与支承板后端面的定位尺寸6；由于轴承座左右对称，故长度方向的定位尺寸可以省略不注；标注底板上两个圆孔的定位尺寸66、48，如图3-3-12（c）所示。

（3）标注总体尺寸。如图3-3-12（d）所示，底板的长度90是轴承座的总长（与定形尺寸重合，不另行注出）；总宽由底板宽度60和圆筒在支承板后面伸出的长度6所确定；总高由圆筒的定位尺寸56加上圆筒外径42的1/2所确定。

按上述步骤注出尺寸后，还要按形体逐个检查有无重复或遗漏，然后修正和调整。

 榜样力量

李志强，男，1964年6月出生，汉族，中共党员，本科，中国航发沈阳黎明航空发动机有限责任公司发动机装配厂总装工段"李志强班"班长、公司特级技能师、高级技师。

中国航发黎明是中国航空涡轮喷气发动机的摇篮，是中国空中战鹰强劲动力的诞生之地。1983年，李志强从守备十二师警卫连退伍，在部队因表现突出受到连嘉奖11次，在全师大比武竞赛中成绩优秀受到师嘉奖一次。退伍后，在父亲的影响下，他选择了黎明公司，并在毛主席曾经视察过的总装车间光荣地成为一名航空工人。

李志强所在的发动机装配厂总装工段，肩负着中国最先进航空发动机的总成装配任务。作为"李志强班"班长，在几十年的砥砺奋进中，李志强充分发挥一个"老兵"铁骨铮铮、血性满腔的钢铁豪情，工作中态度严谨、细致入微、敬业奉献、勇于担当。凭借其独有的精神特质一步步成长为全国劳动人民的典范和楷模，亲手装配了2 000多台次发动机，为国防重点型号生产和研制做出了突出贡献。李志强先后获得2011年国务院颁发的政府特殊津贴，2011年辽宁省"五一劳动奖章"，2012年辽宁省劳动模范，2014年全国"五一劳动奖章"，2015年全国劳动模范，2017年"盛京金牌工匠""辽宁工匠"等荣誉称号。2016年，李志强的事迹在中央电视台5月2日的《大国工匠》节目中播出。2014年，李志强劳模创新工作室被中华全国总工会授予"全国示范性劳模创新工作室"，"李志强班"荣获"全国最美职工"荣誉称号。

——资料源于中华人民共和国退役军人事务部

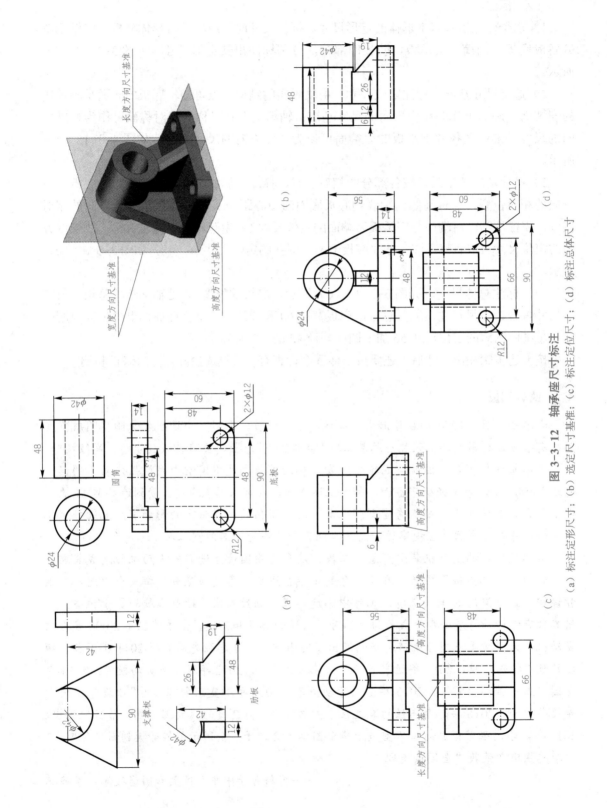

图 3-3-12 轴承座尺寸标注

(a) 标注定形尺寸; (b) 选定尺寸基准; (c) 标注定位尺寸; (d) 标注总体尺寸

1. 根据三维立体图按 5 ： 1 比例绘制三视图。

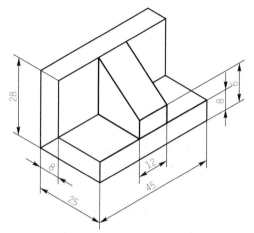

组合体课后
作业一

2. 根据三维立体图按 1 ： 2 比例绘制三视图。

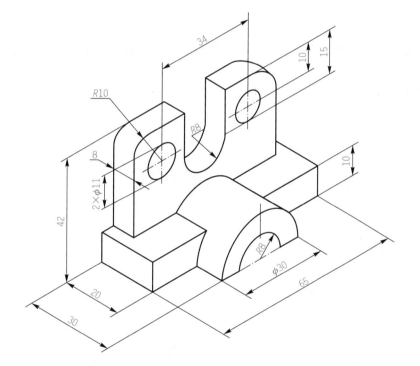

组合体课后
作业二

学习情境四　零件图的绘制

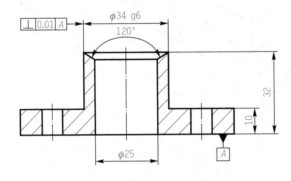

学习目标

知识目标：

1. 理解尺寸公差、形位公差、表面粗糙度的含义；

2. 理解移出断面图、局部放大视图、剖视图的含义。

能力目标：

1. 能使用 AutoCAD 软件表达尺寸公差、形位公差和表面粗糙度；

2. 能使用 AutoCAD 软件绘制移出断面图、局部放大视图、剖视图；

3. 能使用 AutoCAD 软件绘制表格。

素养目标：

1. 通过零件图的绘制，进行发散思维训练，培养良好的发散思维习惯，进而拥有丰富的想象力，从而进行创新设计。

2. 通过对零件图准确性的判别，专注于技能、技艺，加深职业使命感、责任感、认同感。

任务一　绘制填料压盖零件图

绘制如图 4-1-1 所示的图样。

图 4-1-1　填料压盖零件图

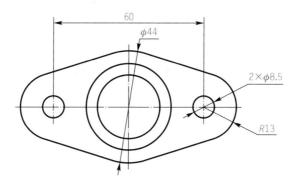

图 4-1-1 填料压盖零件图（续）

一、任务引入

填料压盖主要用来压紧填料，以保证填料与轴套之间的密封性。阀杆与阀座之间的密封是靠填料压盖压紧填料来实现的。填料压盖具有结构简单、使用方便、安全可靠等特点。填料压盖零件图是生产填料压盖的重要文件。填料压盖轴测图如图 4-1-2 所示。

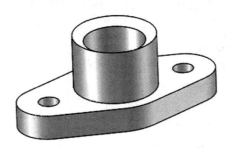

图 4-1-2 填料压盖轴测图

1. 图形分析

图 4-1-1 中图形的图线主要由直线、圆和圆弧、尺寸线和背景填充构成；零件图通过全剖的主视图和俯视图完整地表达出其形状。

2. 线型分析

线型主要有粗实线、细实线和点画线，可见轮廓线为粗实线，尺寸线、剖面线为细实线，基准线为点画线。

3. 注释命令分析

除了前面学习的命令外，本任务着重训练引线、形位公差代号和基准符号的画法。

4. 公差分析

标注形位公差符号、基准符号、形位公差代号。

5. 填写技术要求

（1）铸件不得有气孔、夹渣、裂纹等缺陷。

（2）未注明铸造斜度为 1°～2.5°。

（3）未注铸造圆角为 R1～R2。

（4）未注公差尺寸的极限偏差按 GB/T 1804—2000 m 级确定。

二、任务实施

1. 打开文件已设定好图框

单击"快速访问"工具栏中的"新建"按钮，弹出"选择样板"对话框，选择 A4 样板图，如图 4-1-3 所示。

图 4-1-3　A4 样板图

2. 设置图层

在样板图原有图层基础上设置图层，新建图层如图 4-1-4 所示。

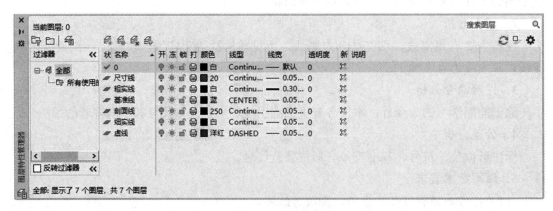

图 4-1-4　图层设置

3. 绘制填料压盖零件图

（1）单击"绘图"工具栏上的"构造线"按钮 ，和"修改"工具栏上的"偏移"按钮⊆绘制基准线，两侧与中心线距离分别为 30 mm，如图 4-1-5 所示。

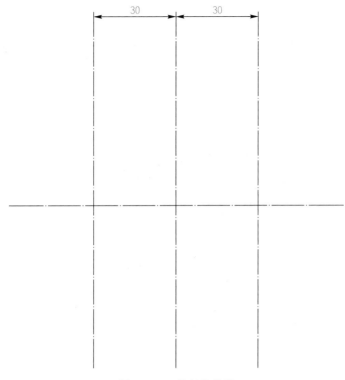

图 4-1-5　绘制基准线

（2）单击"绘图"工具栏上的"圆"按钮，选择○圆心、直径，绘制俯视图中的 7 个圆。中心圆直径分别为 25 mm、34 mm、44 mm，两侧分别为直径 8.5 mm、26 mm，如图 4-1-6 所示。

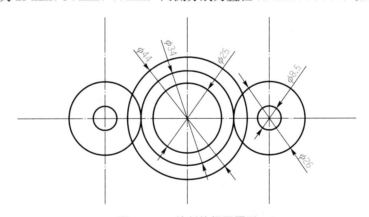

图 4-1-6　绘制俯视图圆形

（3）单击"绘图"工具栏上的"构造线"按钮和"修改"工具栏上的"偏移"按钮⊆，绘制主视图的辅助线，如图 4-1-7 所示。

（4）单击"绘图"工具栏上的"直线"按钮，将俯视图的外圆进行连接，在连接时将捕捉模式改为对象捕捉为切点，如图 4-1-8 所示，然后将 3 个圆进行切点连接，如图 4-1-9 所示。

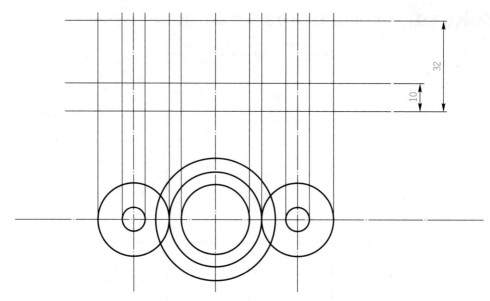

图 4-1-7　绘制主视图辅助线

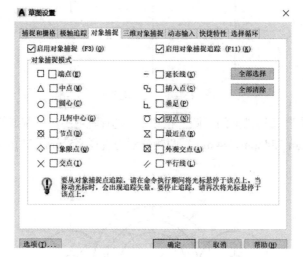

图 4-1-8　切点设置

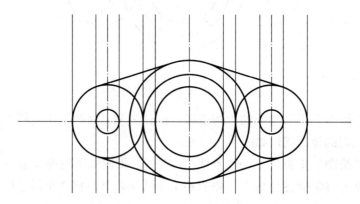

图 4-1-9　直线切点捕捉

切点捕捉

（5）单击"修改"工具栏上的"修剪"按钮 ✂·，进行修剪，将多余线段剪切掉，基准线留出适当尺寸，如图 4-1-10 所示。

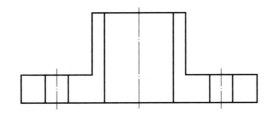

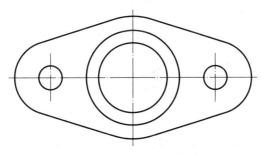

图 4-1-10　多余线段修剪

（6）单击"绘图"工具栏上的"直线"按钮 ，绘制主视图 120° 夹角，如图 4-1-11 所示。

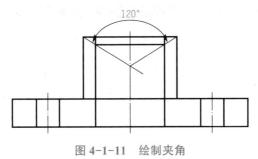

绘制夹角

图 4-1-11　绘制夹角

（7）单击"修改"工具栏上的"修剪"按钮 ✂·，进行修剪，将多余线段剪切掉，如图 4-1-12 所示。

（8）单击"绘图"工具栏上的"图案填充"按钮 ▨·，选择 ▨，进行剖面的绘制，图案比例适当调整本图为 30，如图 4-1-13 所示。

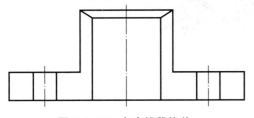

图 4-1-12　多余线段修剪

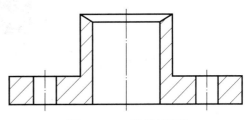

图 4-1-13　绘制剖面线

此时完成的图形如图 4-1-14 所示。

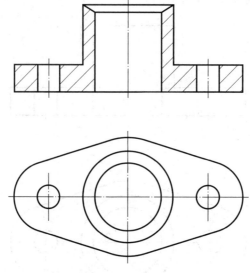

图 4-1-14　基本图形

（9）单击"注释"选项卡"标注"面板中的 ⬛（图 4-1-15），弹出"标注样式管理器"对话框，如图 4-1-16 所示选择"ISO-25"，完成后进行标注。

（10）单击"标注"工具栏上的"标注"按钮⬛，进行线性的标注，注意在尺寸线图层操作，如图 4-1-17 所示。

图 4-1-15　"注释"选项卡"标注"面板

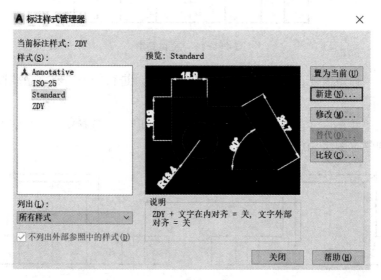

图 4-1-16　"标注样式管理器"对话框

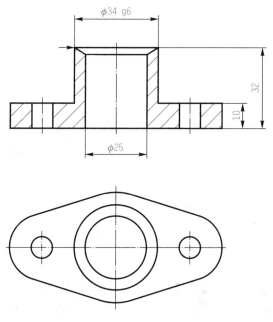

图 4-1-17 线性标注

（12）单击"注释"工具栏上"标注"下拉菜单中的"角度""半径""直径"按钮，进行标注，如图 4-1-18 所示 。

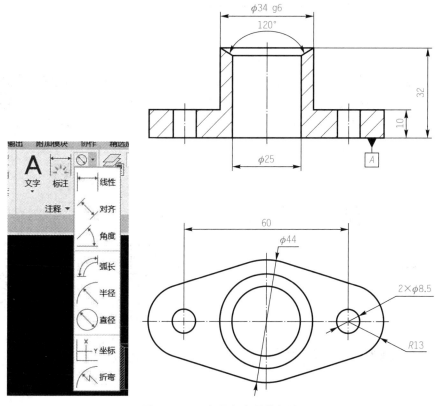

图 4-1-18 直径和半径的标注

（13）单击"注释"工具栏上的"标注"菜单下"公差"按钮⊞⌐，进行形位公差标注，如图 4-1-19 所示。

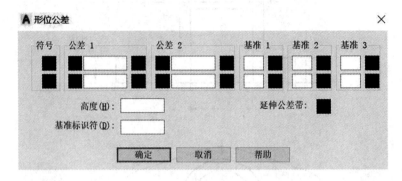

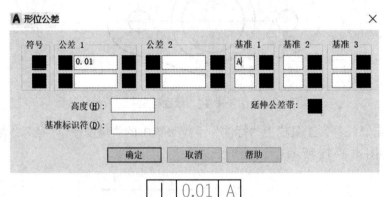

图 4-1-19　公差标注

（14）单击"注释"工具栏上的"引线"按钮，进行公差引线标注。引线设置应与标注箭头大小一致，如图 4-1-20 所示。

（15）单击"绘图"工具栏上的"多段线"按钮和"公差"按钮⊞⌐，绘制基准符号，如图 4-1-21 所示。

公差引线

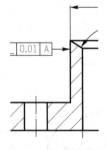

图 4-1-20　公差引线标注

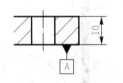

图 4-1-21　绘制基准符号

绘制基准符号

图纸绘制完成如图 4-1-22 所示。

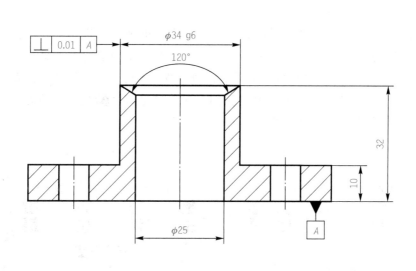

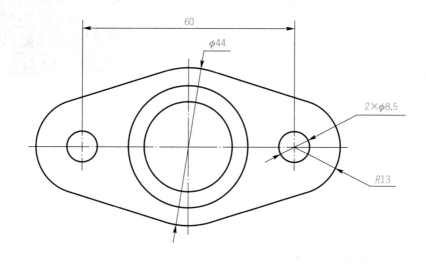

技术要求
1. 铸件不得有气孔、夹渣、裂纹等缺陷。
2. 未注明铸造斜度为1°~2.5°。
3. 未注明铸造圆角为R1~R2。
4. 未注公差尺寸的极限偏差按 GB/T 1804-2000m级。

填料压盖	比例	1:1	材料	45
	数量		图号	
制图			(××学校)	
审核				

图 4-1-22　绘制完成

三、技能解析

1. "公差"命令

单击"注释"选项卡"标注"面板"标注"后的下三角按钮，在下拉
列表中单击"公差"进行形位公差符号标注。弹出"形位公差"对话框，
如图4-1-23所示，单击"符号"下图案后弹出特征符号，选择需要的公差
符号。第一位符号选择需要的说明，例如方向公差垂直度⊥公差1填写公
差值0.01，基准1填写基准符号A。

公差

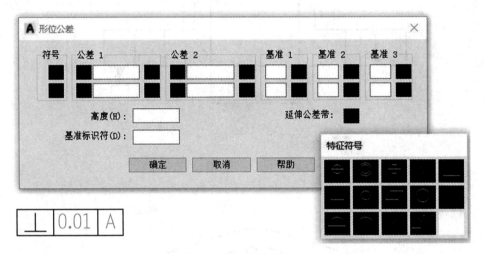

图4-1-23 形位公差

2. 基准符号的绘制

同上一步骤，在"形位公差"对话框里选择基本标识符，如图4-1-
24所示。利用"多段线"命令绘制实心等腰三角形，用直线进行连接，如
图4-1-25所示。

基准符号

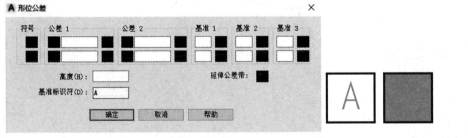

图4-1-24 基准符号

图4-1-25 绘制
实心三角形

3. "引线"命令

在"注释"工具栏单击"引线"按钮进行绘图。利用引线命令将公差符号进行完
善，如图4-1-26（a）所示；由两个要素组成的公共基准，公差符号绘制如图4-1-26（b）
所示。

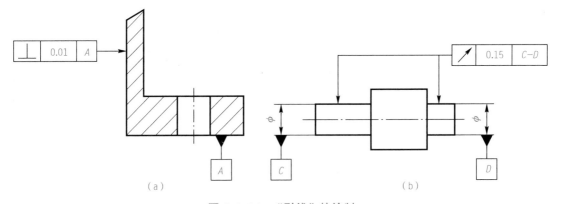

图 4-1-26 "引线"的绘制

（a）用引线命令完善公差符号；（b）两个要素组成的公共基准

四、知识储备

1. 零件图

（1）零件图的内容。

1）一组视图：要综合运用视图、剖视、剖面及其他规定和简化画法，选择能把零件的内、外结构形状表达清楚的一组视图。

2）完整的尺寸：用以确定零件各部分的大小和位置。零件图上应标注出加工完成和检验零件是否合格所需的全部尺寸。

3）标题栏：说明零件的名称、材料、数量、日期、图的编号、比例以及描绘、审核人员签字等。根据国家标准，有固定形式及尺寸，制图时应按标准绘制。

4）技术要求：用一些规定的符号、数字、字母和文字注解，简明、准确地给出零件在使用、制造和检验时应达到的一些技术要求（包括表面粗糙度、尺寸公差、形状和位置公差、表面处理和材料处理等要求）。

（2）视图选择。零件的视图选择就是选用一组合适的视图表达出零件的内、外结构形状及其各部分的相对位置关系。一个好的零件视图表达方案：表达正确、完整、清晰、简练，同时易于看图。由于零件的结构形状是多种多样的，所以在画图前应对零件进行结构形状分析，并针对不同零件的特点选择主视图及其他视图，确定最佳表达方案。选择视图的原则：在完整、清晰地表达零件内、外形状的前提下，尽量减少图形数量，以方便画图和看图。

2. 零件的几何公差

几何公差是指形状公差、方向公差、位置公差和跳动公差。对于精度要求较高的零件，要规定其表面形状的几何公差，合理地确定几何公差是保证产品质量的重要措施。

（1）几何公差的几何特征和符号。国家标准《产品几何技术规范（GPS）几何公差形状、方向、位置和跳动公差标注》（GB/T 1182—2018）规定，几何公差的几何特征、符号共分为 19 项，即形状公差 6 项、方向公差 5 项、位置公差 6 项、跳动公差 2 项，见

表 4-1-1。

表 4-1-1　几何公差分类、几何特征及符号（摘自 GB/T 1182—2018）

公差类型	几何特征	符号	有无基准	公差类型	几何特征	符号	有无基准
形状公差	直线度	——	无	位置公差	位置度	⊕	有或无
	平面度	▱	无		同心度（用于中心点）	◎	有
	圆度	○	无		同轴度（用于轴线）	◎	有
	圆柱度	⌭	无		对称度	=	有
	线轮廓度	⌒	无		线轮廓度	⌒	有
	面轮廓度	⌓	无		面轮廓度	⌓	有
方向公差	平行度	//	有	跳动公差	圆跳动	↗	有
	垂直度	⊥	有		全跳动	⌰	有
	倾斜度	∠	有				
	线轮廓度	⌒	有				
	面轮廓度	⌓	有				

（2）几何公差的标注。

1）几何公差符号。几何公差要求在矩形框格中给出。该框格由二格或多格组成，框格中的内容从左到右按几何特征符号、公差值、基准字母的次序填写，框格高度是图样中尺寸数的 2 倍，如图 4-1-27 所示。

2）基准符号。基准符号由框格、连线、字母、基准三角形组成。基准三角形用实心或空心等腰三角形表示，其底边应与基准要素的可见轮廓线或轮廓延长线接触。基准三角形与方框间用细实线连接，如图 4-1-27 所示。

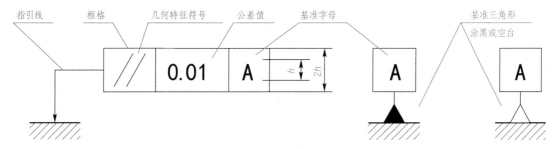

图 4-1-27　几何特征符号及基准三角形

h- 机械图样中的尺寸数字高

图 4-1-28 所示为标注几何公差的图例。从图中可以看到，当被测要素是表面或素线时，从框格引出的指引线箭头，应指在该要素的轮廓线或其延长线上；当被测要素是轴线时，应将箭头与该要素的尺寸线对齐（如 M8×1 轴线的同轴度注法）；当基准要素是轴线时，应将基准三角形与该要素的尺寸线对齐（如基准 A）。

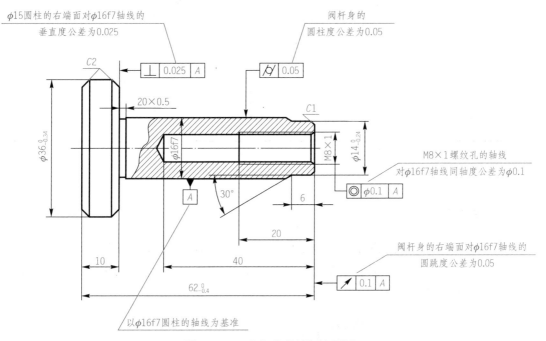

图 4-1-28　几何公差的标注示例

任务二　绘制传动轴零件图

绘制如图 4-2-1 所示的传动轴。

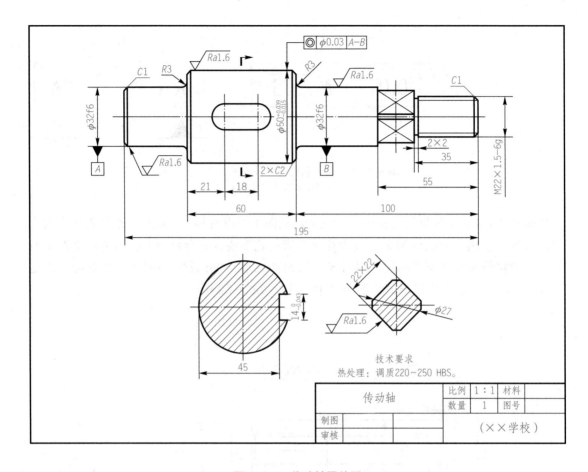

图 4-2-1　传动轴零件图

一、任务引入

轴（图 4-2-2）是组成机器的主要零件之一。一切做回转运动的传动零件（例如齿轮、蜗轮等），都必须安装在轴上才能进行运动及动力的传递。因此轴的主要功用是支承回转零件及传递运动和动力。

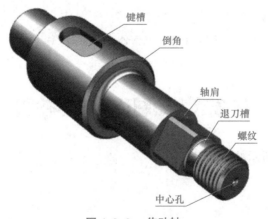

图 4-2-2　传动轴

二、任务实施

1. 调用 A4 样板图

单击"快速访问"工具栏中的新建按钮 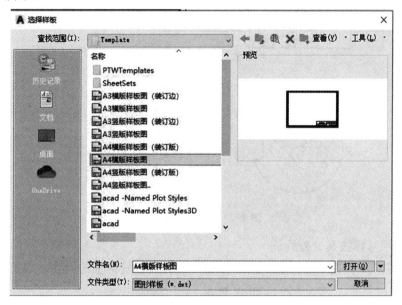，弹出"选择样板"对话框，选择 A4 样板图，如图 4-2-3 所示。

图 4-2-3　调用 A4 样板图

2. 设置图层

在样板图原有图层基础上设置图层。新建图层如图 4-2-4 所示。

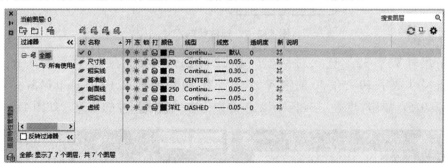

图 4-2-4　图层设置

3. 绘制传动轴轮廓

绘制如图 4-2-5 所示的传动轴轮廓。

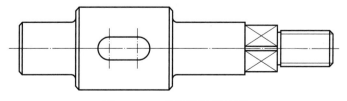

图 4-2-5　绘制传动轴轮廓

4. 绘制断面图

绘制如图 4-2-6 所示的断面图。

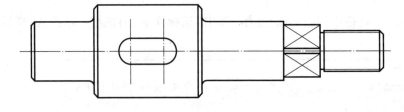

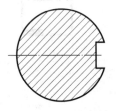

绘制断面图

图 4-2-6　绘制断面图

5. 径向尺寸标注及公差标注

单击"标注"工具栏中的"线性标注"按钮 ⊢，标注各阶梯轴的尺寸，如图 4-2-7 所示。

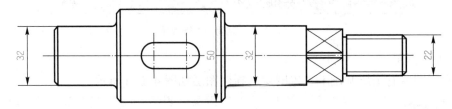

图 4-2-7　标注径向尺寸

双击尺寸数字 32，进入对话框，在 32 前输入 %%C，在 32 后面输入 f6，单击确定；双击尺寸数字 50，在 50 前输入 %%C，在 50 后面输入 +0.039^-0.015，然后选中 +0.039^-0.015，单击"堆叠"按钮确定。按照以上方式完成尺寸的修改，如图 4-2-8 所示。

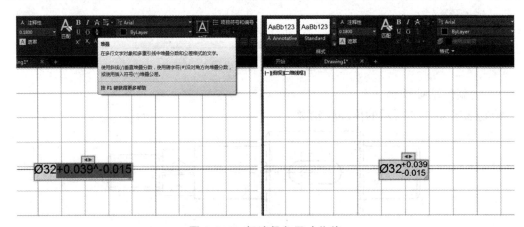

图 4-2-8　标注径向尺寸公差

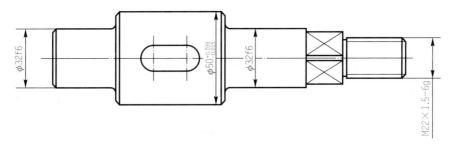

图 4-2-8　标注径向尺寸公差（续）

6．轴向尺寸、倒角和圆角的标注

单击"标注"工具栏的"线性标注"按钮┤，对轴向尺寸进行标注，标注效果如图 4-2-9 所示。

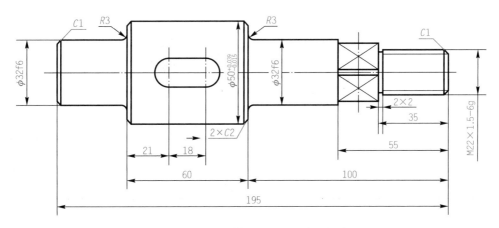

图 4-2-9　标注轴向尺寸、圆角和倒角

7．断面图尺寸标注及公差标注

断面图尺寸及公差标注的标注效果如图 4-2-10 所示。

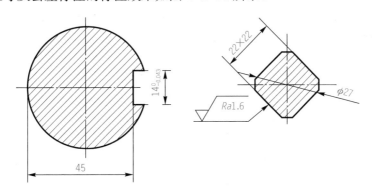

图 4-2-10　断面图尺寸标注及公差标注

8．表面粗糙度标注

插入"表面粗糙度符号"块，依次标注表面粗糙度，操作方式见技能解析。完成传动轴绘制，如图 4-2-11 所示。

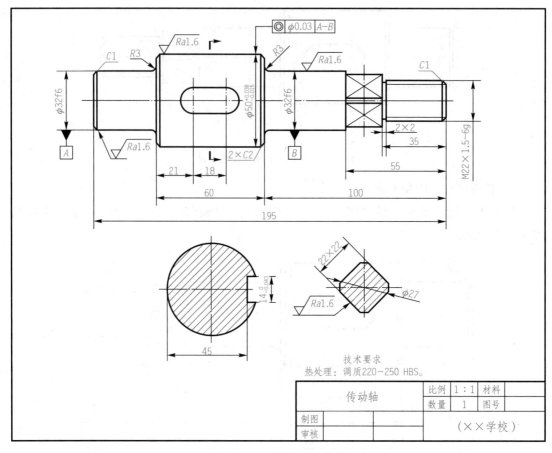

图 4-2-11　传动轴零件图

三、技能解析

1. 创建块

以表面粗糙度符号为例说明块的图形绘制、块的定义、块的属性定义、块的保存。

（1）块的图形绘制。利用 AutoCAD 相关命令绘制粗糙度符号图形，如图 4-2-12 所示。

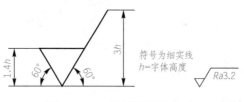

图 4-2-12　粗糙图符号图形

创建块

（2）块的定义。块的创建就是把完整的图形作为一个整体，定义为块。

单击"默认"选项卡"块"面板中的"创建"按钮 创建 或在命令行输入 BLOCK，系统弹出"块定义"对话框，各个参数设置如图 4-2-13 所示。

在"名称"文本框中输入新建图块的名称"表面粗糙度符号"。

图 4-2-13 "块定义"对话框

在"基点"选项组中，单击"拾取点"按钮 拾取点(K)，选择表面粗糙度符号图形的最低点作为拾取点。

在"对象"选项中组，单击"选择对象"按钮 选择对象(T)，用窗口选中表面粗糙度符号的整个图形。按 Enter 键，返回"块定义"对话框。

在"对象"选项组中，选中"转换为块"单选按钮。

单击"确定"按钮，完成块的定义。

（3）保存块。将制成的块保存在图库里，以便画图时调用。

2．块的插入

单击"块"面板的插入按钮 ，选择要插入的块或是在命令行输入 INSERT 命令后弹出块面板，效果如图 4-2-14 所示，用户可以选择插入的块，再根据块的要求，分别设置插入点，以及沿 X、Y、Z 轴的比例和旋转的角度。

图 4-2-14　块面板

插入块

"插入"对话框中常用选项的功能介绍如下：

（1）"插入选项"：该下拉列表罗列了图样中的所有图块，可以通过这个列表选择要插入的块。

（2）"插入点"选项组：确定图块的插入点。可直接在"X""Y"及"Z"文本框中输入插入点的绝对坐标值，或是选中"在屏幕上指定"复选项，然后在屏幕上指定。

（3）"比例"选项组：确定块的缩放比例。可直接在"X""Y"及"Z"文本框中输入沿这三个方向的缩放比例因子。块的缩放比例因子可为正值或负值，若为负值，则插入的块将做镜像变换。

（4）"旋转"选项组：指定插入块时的旋转角度。可在"角度"文本框中直接输入旋转角度值。

（5）"分解"选项组：若用户选择该选项，则系统在插入块的同时将分解块对象。

3. 插入外部图形文件

在 AutoCAD 中，可插入其他文件中所创建的块，如果需要插入一个完整图形文件，则执行"库"→"浏览"命令，在弹出的对话框中选择需要的图形文件即可，如图 4-2-15 所示。

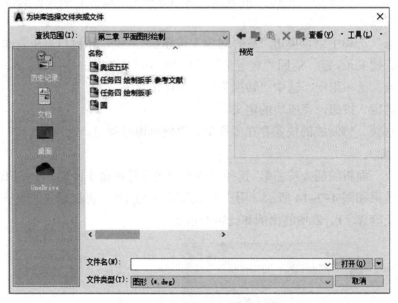

图 4-2-15　选择外部图形文件

四、知识储备

1. 轴类零件

（1）轴类零件结构特点。轴的主体多数由几段直径不同的圆柱、圆锥体所组成，构成阶梯状。轴（套）类零件的轴向尺寸远大于其径向尺寸。轴上常加工有键槽、螺纹、倒角、退刀槽、中心孔等结构，如图 4-2-2 所示。

为了传递动力，轴上装有齿轮、带轮等，利用键来连接，因此轴上有键槽；为了便于轴上各零件的安装，在轴端车有倒角；轴的中心孔是供加工时装夹和定位用的。这些

116

局部结构主要是为了满足设计要求和工艺要求。

（2）常用的表达方法。为了加工时看图方便，轴类零件的主视图按加工位置选择，一般将轴线水平放置，垂直轴线方向作为主视图的投射方向，使它符合车削和磨削的加工位置，如图 4-2-11 所示。主视图清楚地反映了阶梯轴的各段形状及相对位置，也反映了轴上各种局部结构的轴向位置。轴上的局部结构一般采用断面、局部剖视、局部放大图、局部视图来表达。用移出断面反映键槽的深度。

2．公差与配合

（1）尺寸公差。在机械加工过程中，不可能将零件的尺寸加工得绝对准确，而是允许零件的实际尺寸在合理的范围内变动。这个允许的尺寸变动量就是尺寸公差，简称公差。公差越小，零件的精度越高，实际尺寸的允许变动量也越小；反之，公差越大，零件的精度越低。

如图 4-2-16（a）、（b）所示，轴的直径尺寸 $\phi 40^{+0.050}_{+0.034}$ 中 $\phi 40$ 是设计给定的尺寸，称为公称尺寸。

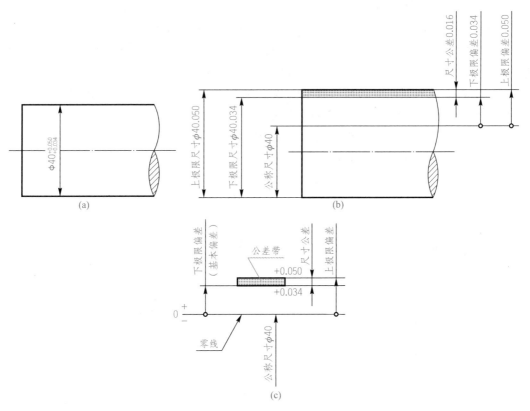

图 4-2-16　基本术语和公差带示意
（a）轴的尺寸；（b）基本术语示意；（c）公差带图

其中，$\phi 40$ 后面的 $^{+0.050}_{+0.034}$ 是什么含义呢？ +0.050 称为上极限偏差，+0.034 称为下极限偏差。它们的含义是：轴的直径允许的最大尺寸，即上极限尺寸为 40+0.05=40.05 mm；轴的直径允许的最小尺寸，即下极限尺寸为 40+0.034 =40.034 mm。

也就是说，轴的直径最粗为 40.05 mm、最细为 40.034 mm。轴径的实际尺寸只要在 ϕ40.034 ～ ϕ40.05 mm 范围内，就是合格的。

由此可见，"公差＝上极限尺寸－下极限尺寸"，或"公差＝上极限偏差－下极限偏差"，即 40.05-40.034=0.016（mm）[或 0.05 mm-0.034 mm=0.016（mm）]。

上极限偏差和下极限偏差统称为极限偏差。极限偏差可以是正值、负值或零，而公差恒为正值，不能是零或负值。

在公差分析中，常把公称尺寸、极限偏差及尺寸公差之间的关系简化成公差带图，如图 4-2-16（c）所示。在公差带图解中，由代表上、下极限偏差的两条直线所限定的一个区域称为公差带。在极限与配合图解中，表示公称尺寸的一条直线称为零线，以其为基准确定极限偏差和尺寸公差。

（2）极限偏差数值的写法。在标注极限偏差数值时，极限偏差数值的数字比公称尺寸数字小一号，下极限偏差与公称尺寸注在同一底线，且上、下极限偏差的小数点必须对齐，同时还应注意以下几点：

1）上、下极限偏差符号相反，绝对值相同时，在公称尺寸右边注"±"号，且只写出一个极限偏差数值，其字体大小与公称尺寸相同，如图 4-2-17（a）所示。

2）当某一极限偏差（上极限偏差或下极限偏差）为"0"时，必须标注"0"。数字"0"应与另一极限偏差的个位数对齐注出，如图 4-2-17（b）所示。

3）上、下极限偏差中的某一项末端数字为"0"时，为了使上、下极限偏差的位数相同，用"0"补齐，如图 4-2-17（c）所示。

4）当上、下极限偏差中小数点后末端数字为"0"时，上、下极限偏差中小数点后末位的"0"一般无须注出，如图 4-2-17（d）所示。

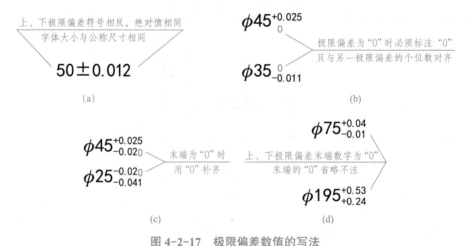

图 4-2-17　极限偏差数值的写法

（a）极限偏差符号相反、绝对值相同；（b）一个极限偏差为 0；（c）末端补 0；（d）末端省略 0

3. 表面粗糙度

（1）表面粗糙度的基本概念。零件在机械加工过程中，由于机床、刀具的振动，以及材料在切削时产生塑性变形、刀痕等，经放大后可见其加工表面是高低不平的，零件加工表面上具有较小间距与峰谷所组成的微观几何形状特性称为表面粗糙度。表面粗糙度与加工方法、刀具形状及进给量等各种因素都有密切的关系。

表面粗糙度是评定零件表面质量的一项重要技术指标，对于零件的配合、耐磨性、抗腐蚀性以及密封性等都有显著影响，是零件图中必不可少的一项技术要求。零件表面粗糙度的选用既应该满足零件表面的功用要求，又要考虑经济合理。一般情况下，凡是零件上有配合要求或有相对运动的表面，表面粗糙度值要小。表面粗糙度值越小，表面质量越高，加工成本也越高。因此，在满足使用要求的前提下，应尽量选用较大的表面粗糙度值，以降低成本。

国家标准规定评定粗糙度轮廓中的两个高度参数 Ra 和 Rz，是我国机械图样中最常用的评定参数。

1）算术平均偏差 Ra，是指在一个取样长度内，纵坐标值 $Z(x)$ 绝对值的算术平均值。

2）轮廓最大高度 Rz，是指在同一取样长度内，最大轮廓峰高和最大轮廓谷深之和的高度。

（2）表面结构的图形符号。标注表面结构要求时的图形符号的种类、名称、尺寸及含义见表 4-2-1。

表 4-2-1　图形符号的含义

符号名称	符号	含义
基本图形符号（简称基本符号）	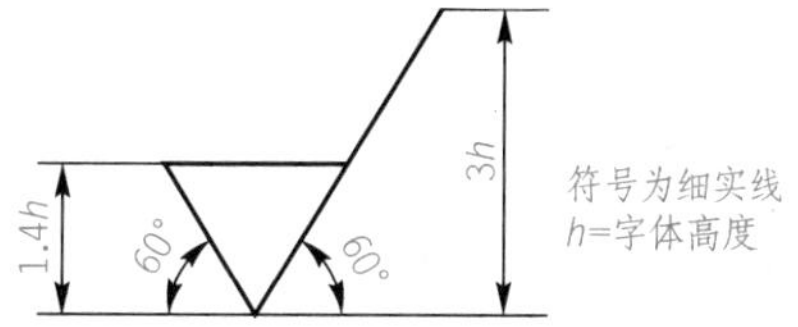 符号为细实线 h=字体高度	对表面结构有要求的图形符号。 仅用于简化代号标注，没有补充说明时不能单独使用
扩展图形符号（简称扩展符号）	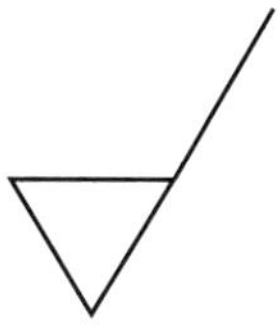	对表面结构有指定要求（去除材料）的图形符号。 在基本图形符号上加一短横，表示指定表面是用去除材料的方法获得的，如通过机械加工获得的表面
	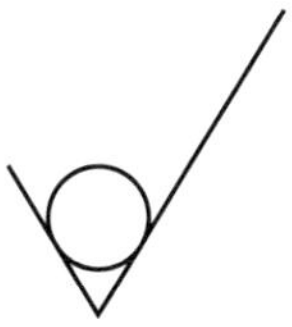	对表面结构有指定要求（不去除材料）的图形符号。 在基本图形符号上加一圆圈，表示指定表面是不用去除材料的方法获得的
完整图形符号（简称完整符号）	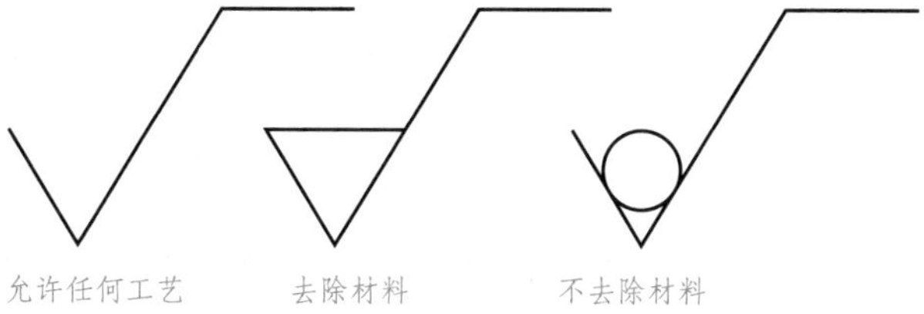 允许任何工艺　去除材料　不去除材料	对基本图形符号或扩展图形符号扩充后的图形符号。 当要求标注表面结构特征的补充信息时，在基本图形符号或扩展图形符号的长边上加一横线

（3）表面粗糙度代号的识读。

在图样中，零件表面粗糙度是用代（符）号标注的，它由规定的符号和有关参数组成。

表面粗糙度代号一般按下列方式识读：

$\sqrt{Ra1.6}$，读作"表面粗糙度 Ra 的上限值为 1.6 μm（微米）"。

$\sqrt{Rz1.6}$，读作"表面粗糙度的最大高度 Rz 为 1.6 μm（微米）"。

任务三　绘制手柄零件图

绘制如图 4-3-1 所示的手柄零件图。

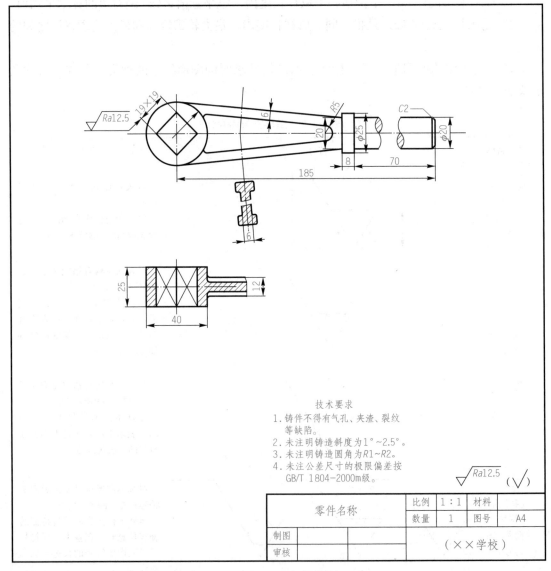

图 4-3-1　手柄零件图

一、任务引入

（1）图形分析：主要由矩形、圆形、圆弧及直线构成。

（2）线型分析：主要由粗实线、细实线、点画线和剖面线构成，可见轮廓线为粗实线，尺寸线和剖面线为细实线，基准线为点画线。

（3）绘图指令分析：除了前面学习的矩形指令和圆指令外和本任务着重训练图案填充指令。

（4）图形画法分析：本任务着重训练移出断面图的画法。

（5）填写技术要求：

1）铸件不得有气孔、夹渣、裂纹等缺陷；

2）未注明铸造斜度为 $1° \sim 2.5°$；

3）未注明铸造圆角为 $R1 \sim R2$；

4）未注公差尺寸的极限偏差按 GB/T 1804—2000 m 级确定。

二、任务实施

1．打开 A4 图框文件

单击"快速访问"工具栏上的"打开"按钮，弹出"选择文件"对话框，文件类型选择"图形样板"，选择 A4 图框文件，单击"打开"按钮，如图 4-3-2 所示。

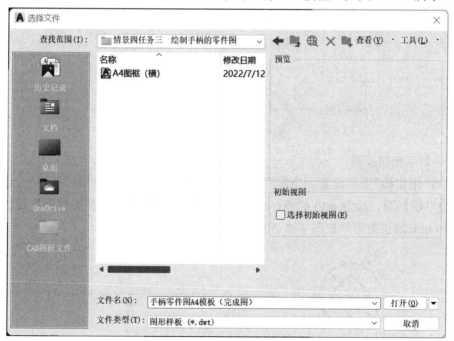

图 4-3-2　打开 A4 图框文件

2．设置图层

根据线型分析，增加设置"粗实线""细实线""剖面线""尺寸线""基准线"5 个图层，其中"剖面线"的线形为"Continuous"，新建图层如图 4-3-3 所示。

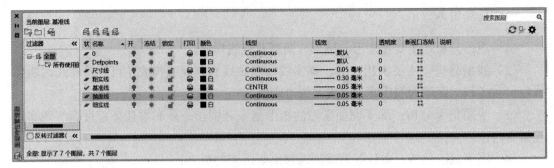

图 4-3-3　新建图层

3．绘制手柄基准线

将"基准线"图层设置为当前图层，单击"绘图"工具栏上的"直线"按钮，分别绘制 35 mm、50 mm、70 mm、220 mm 四条基准线，如图 4-3-4 所示。

图 4-3-4　基准线绘制

4．绘制手柄俯视图

（1）将"粗实线"图层设置为当前图层，单击"绘图"工具栏上的"圆"按钮，选择"圆心，直径"绘制圆，绘制 φ40 的圆，单击"绘图"工具栏上的"多边形"按钮，绘制边长为 19 mm 的正方形，如图 4-3-5 所示。

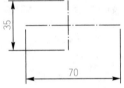

图 4-3-5　手柄俯视图绘制 1

（2）单击"绘图"工具栏上的"直线"按钮，在垂直基准线位置绘制长度为 20 mm 的直线，单击"修改"工具栏上的"偏移"按钮，将该直线向右侧偏移 185 mm，如图 4-3-6 所示。

图 4-3-6　手柄俯视图绘制 2

（3）单击"绘图"工具栏上的"直线"按钮，以右侧直线两端为起点分别绘制 70 mm 水平直线，单击"绘图"工具栏上的"多段线"按钮，绘制边长为 25 mm×8 mm 的长方形，如图 4-3-7 所示。

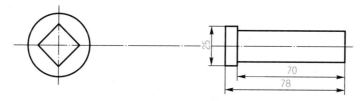

图 4-3-7　手柄俯视图绘制 3

（4）单击"绘图"工具栏上的"直线"按钮，绘制右侧与圆相切且左侧与长方体相接的直线。单击"修改"工具栏上的"偏移"按钮，选择该直线向内偏移 6 mm，如图 4-3-8 所示。

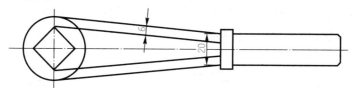

图 4-3-8　手柄俯视图绘制 4

（5）单击"修改"工具栏上的"倒圆"按钮，对所注圆弧倒圆。单击"修改"工具栏上的"倒角"按钮，对所注斜角位置倒角，如图 4-3-9 所示。

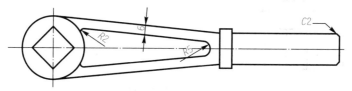

图 4-3-9　手柄俯视图绘制 5

（6）将"细实线"图层设置为当前图层，单击"绘图"工具栏上的"样条曲线"，绘制样条曲线，如图 4-3-10 所示。

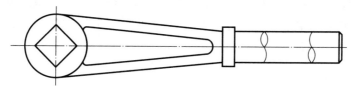

图 4-3-10　手柄俯视图绘制 6

（7）单击"修改"工具栏上的"修剪"按钮，对图纸相应线段进行修剪。单击"移动"按钮，将手柄左侧向左侧移动相应距离。如图4-3-11所示。

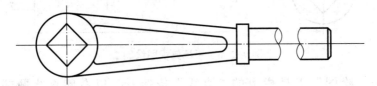

图4-3-11　手柄俯视图绘制7

（8）将"剖面线"图层设置为当前图层，单击"绘图"工具栏上的"图案填充"按钮，在"图案填充创建"上下文选项卡选择"ANSI31"线型对剖面进行填充，并适当调整线形比例，手柄俯视图绘制完毕，如图4-3-12所示。

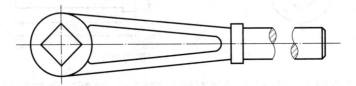

手柄俯视图

图4-3-12　手柄俯视图绘制8

5．绘制移出断面图1

（1）将"粗实线"图层设置为当前图层，单击"绘图"工具栏上的"直线"按钮，参考俯视图圆形和方形绘制手柄零件移出断面图1。如图4-3-13所示。

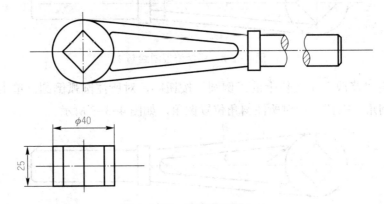

图4-3-13　移出断面图1-1

（2）将"细实线"图层设置为当前图层，单击"绘图"工具栏上的"直线"按钮，在该移出断面图的倾斜面绘制交叉线，如图4-3-14所示。

（3）单击"绘图"工具栏上的"直线"按钮，在该移出断面右侧绘制四条水平直线。再将"细实线"图层设置为当前图层，单击"绘图"工具栏上的"样条曲线"按钮绘制断面，如图4-3-15所示。

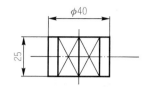

图 4-3-14 移出断面图 1-2

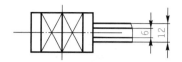

图 4-3-15 移出断面图 1-3

（4）单击"修改"工具栏上的"圆角"按钮 ，对相应圆弧位置倒圆，如图 4-3-16 所示。

（5）将"剖面线"图层设置为当前图层，单击"绘图"工具栏上的"图案填充"按钮 ，在"图案填充创建"上下文选项卡选择"ANSI31"线型对剖面进行填充，并适当调整线形比例，移出断面图 1 绘制完毕，如图 4-3-17 所示。

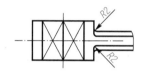

图 4-3-16 移出断面图 1-4

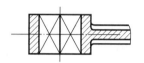

图 4-3-17 移出断面图 1-5

移出断面图 1

6．绘制移出断面图 2

（1）将"基准线"图层设置为当前图层，单击"绘图"工具栏上的"直线"按钮 ，绘制移出断面图 2 的基准线，如图 4-3-18 所示。

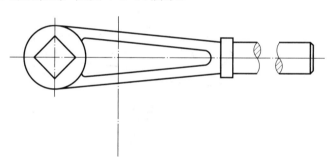

图 4-3-18 移出断面图 2-1

（2）将"粗实线"图层设置为当前层，单击"绘图"工具栏上的"直线"按钮 ，根据所注尺寸绘制移出断面图 2 的轮廓，如图 4-3-19 所示。

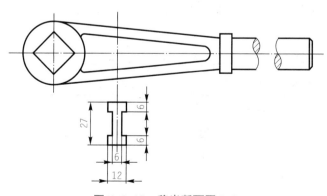

图 4-3-19 移出断面图 2-2

（3）单击"修改"工具栏上的"倒圆"按钮，对相应圆弧位置倒圆，如图 4-3-20 所示。

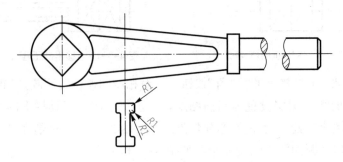

图 4-3-20　移出断面图 2-3

（4）将"细实线"图层设置为当前图层，单击"绘图"工具栏上的"样条曲线"按钮，绘制断面。单击"修改"工具栏上的"修剪"按钮，对图纸相应线段进行修剪，如图 4-3-21 所示。

（5）单击"修改"工具栏上的"旋转"按钮，将基准线和移出断面图 2 旋转所注角度，如图 4-3-22 所示。

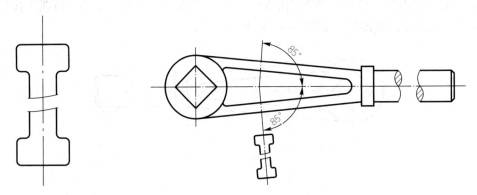

图 4-3-21　移出断面图 2-4　　　　　图 4-3-22　移出断面图 2-5

（6）将"剖面线"图层设置为当前图层，单击"绘图"工具栏上的"图案填充"按钮，在"图案填充创建"上下文选项卡，选择"ANSI31"线型对剖面进行填充，并适当调整线形比例，移出断面图 2 绘制完毕，如图 4-3-23 所示。

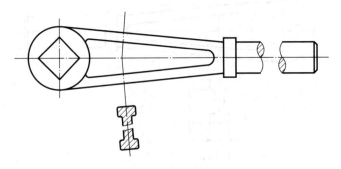

移出断面图 2

图 4-3-23　移出断面图 2-6

126

7．尺寸标注

将"尺寸线"图层设置为当前图层，单击"注释"工具栏上的"尺寸标注"指令右侧箭头 ⊢·，在弹出的下拉菜单中分别选择"线性""角度""半径""直径"等，对图纸中所有尺寸进行标注。手柄零件图绘制完毕，如图 4-3-1 所示。

二、知识储备

1．移出断面

（1）移出断面图。画在视图外面的断面图称为移出断面图。移出断面图的轮廓线用粗实线画出，并尽量画在剖切符号或剖切面的延长线上，特殊情况下也可将移出断面图放置在其他适当的位置，画移出断面图时应注意以下几点：

1）当剖切平面通过回转而形成的孔或凹坑的轴线时，这些结构按剖视绘制；

2）由两个或多个相交平面剖切所得的移出断面图，中间一般应断开；

3）为了正确表达断面实形，剖切平面要垂直于所需表达机件结构的主要轮廓线或轴线；

4）当剖切平面通过非圆孔会导致出现完全分离的两个断面时，则这些结构按剖视绘制；

5）在不致引起误解时，允许将移出断面图旋转。

（2）移出断面图的几种常见画法（图 4-3-24、图 4-3-25）。

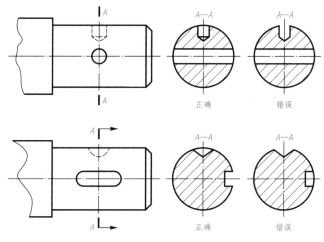

图 4-3-24 移出断面图的画法 1

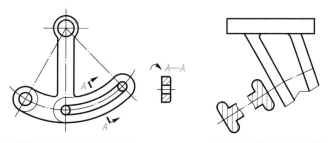

图 4-3-25 移出断面图的画法 2

2．叉架类零件

叉架类零件包括拨叉、连杆和各种支架，其作用是在机器的操纵系统及变速系统中完成某种动作或支撑其他零件。

（1）结构分析。叉架类零件大都由支撑部分、工作部分和连接部分组成。连接部分多为肋板，支承部分和工作部分有圆孔、螺孔、油槽、凸台等结构。这类零件通常不规则，且加工位置多变，有的甚至工作位置也不固定，加工时要经过车、铣、刨等多道工序。

（2）视图表达。叉架类零件的主视图一般根据零件的形状特征或自然摆放平稳的位置来选择，根据结构需要辅以斜视图或局部视图，用剖视图来表达内部结构，对于连接支承部分，可用断面图表示。

（3）尺寸标注。这类零件的形状不规则，通常按加工方便选择基准，常用主要轴线、对称平面、安装平面或较大的端面作为长、宽、高三个方向的尺寸基准。铸件的一些特征，如铸造圆角、起模斜度等通常在图上可以不标注，而作为技术要求统一注写。

（4）技术要求分析。除配合面、支撑面等有加工要求的表面需根据使用要求注出表面粗糙度、尺寸及几何公差外，叉架类零件大部分表面没有特殊要求，但有时对角度或某部分的长度有一定的要求，故应给出公差。

任务四　绘制阀体零件图

绘制如图 4-4-1 所示的阀体零件图。

一、任务引入

阀体是比较有代表性的箱体类零件，图纸通过三个半剖视图和一个局部放大视图来表达阀体的内外部结构。本任务重点训练学生的读图能力及应用软件绘制剖视图的方法。

填写技术要求：

（1）铸件不得有气孔、夹渣和裂纹等缺陷。

（2）未注明铸造斜度为 $1°\sim 2.5°$。

（3）未注明铸造圆角为 $R1\sim R3$。

（4）未注公差尺寸的极限偏差按 GB/T1804—2000m 级确定。

（5）未注形位公差按 GB/T 1184—1996 H 级确定。

二、任务实施

（1）打开阀体图纸，如图 4-4-2 所示。

阀体图纸

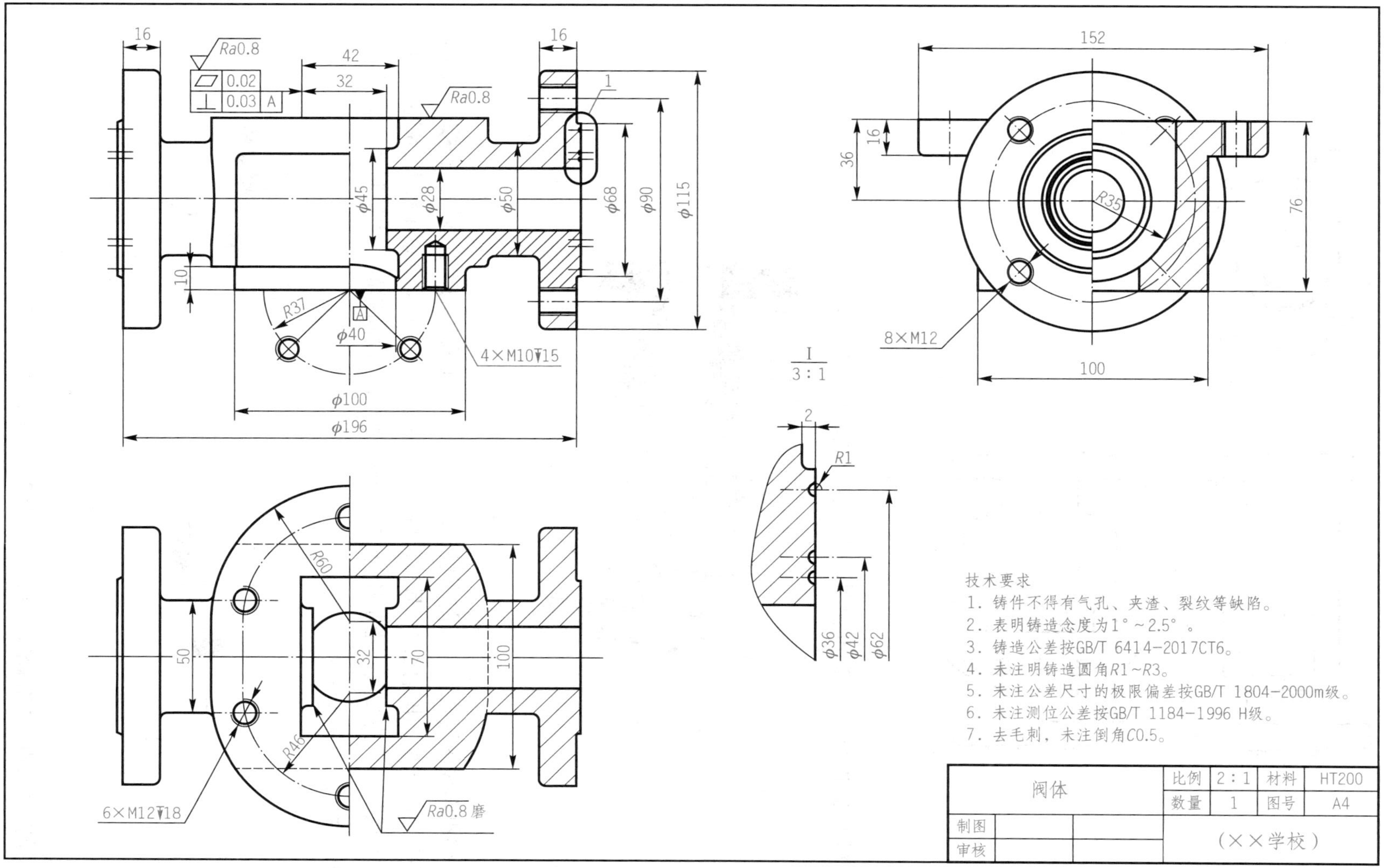
16
Ra0.8
0.02
0.03 A
42
32
Ra0.8
16
1
φ45
φ28
φ50
φ68
φ90
φ115
10
R37
A
φ40
4×M10▼15
φ100
φ196
152
16
36
R35
76
8×M12
100
I
3:1
2
R1
φ36
φ42
φ62
R60
50
32
70
100
R46
6×M12▼18
Ra0.8 磨
技术要求
1. 铸件不得有气孔、夹渣、裂纹等缺陷。
2. 表明铸造念度为1°~2.5°。
3. 铸造公差按GB/T 6414-2017CT6。
4. 未注明铸造圆角R1~R3。
5. 未注公差尺寸的极限偏差按GB/T 1804-2000m级。
6. 未注测位公差按GB/T 1184-1996 H级。
7. 去毛刺，未注倒角C0.5。
阀体
比例 2:1
材料 HT200
数量 1
图号 A4
制图
审核
(××学校)

图 4-4-1　阀体零件图

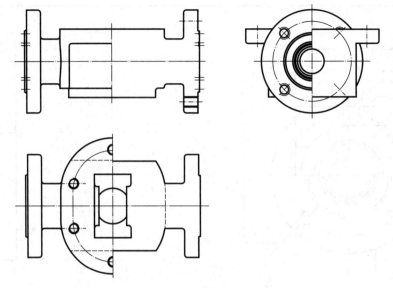

图 4-4-2　阀体轮廓

（2）在主视图上绘制剖视图，剖切形式如图 4-4-3 所示。

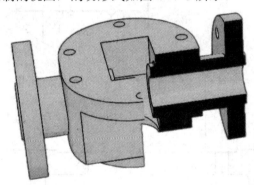

图 4-4-3　剖切示意

　　将粗实线图层设置为当前图层，单击"绘图"工具栏的"直线"按钮，鼠标光标悬停于 1 点上方，出现跟踪符号后，鼠标光标向右移动，在对话框中输入 16（32/2=16），确定直线的起点为 2 点，绘制长为 22.5 mm 的线段。以同样的方式绘制其他由剖切产生的轮廓线，如图 4-4-4 所示。

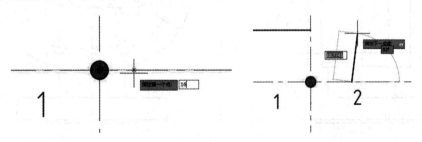

图 4-4-4　极轴跟踪示意

　　单击"圆角"按钮，圆角半径为 3，完成圆角的绘制。

单击"镜像"按钮 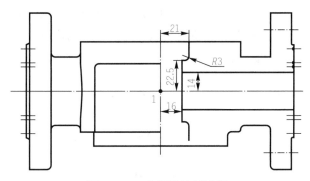 镜像，完成中心线下方的图线绘制，如图 4-4-5 所示。

图 4-4-5　主视图绘制过程

绘制 M12 的螺纹孔，先绘制中心线上侧的内外螺纹线，如图 4-4-6 所示；然后采用镜像的方式绘制中心线下方的内外螺纹，如图 4-4-7 所示。

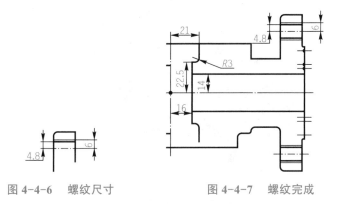

图 4-4-6　螺纹尺寸　　　　　　　图 4-4-7　螺纹完成

图 4-4-8 所示为阀体仰视图，为了清楚地表达底部法兰的结构与尺寸，按照简化画法在主视图中进行绘制。绘制仰视图看到的法兰在主视图中的简化画法。

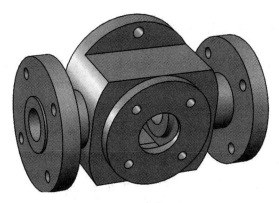

图 4-4-8　阀体仰视图

选择中心线图层为当前图层，单击"圆弧"按钮，选择"起点（3 点）、圆心（4 点）、角度（180）"，完成 R37 半圆的绘制。

单击"直线"按钮，以 4 点为起点，采用极坐标的方式，分别输入"@45<225°"

"@45<315°"，绘制两条基准线，如图 4-4-9 所示。

单击"圆"按钮，绘制 M10 螺纹孔，大径为 10 mm，小径为 8 mm，通过复制的方式完成两个螺纹孔的绘制。单击"打断"按钮，完成大径的修改，如图 4-4-10 所示。

绘制 M10 深 15 mm 的螺纹孔，具体尺寸如图 4-4-11 所示。

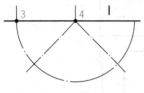
图 4-4-9　基准线

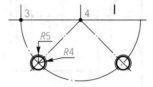
图 4-4-10　螺纹绘制

图 4-4-11　螺纹尺寸

剩余相贯线部分与左视图配合绘制。

（3）绘制左视图的半剖视图。绘制图 4-4-12 所示的左视图的半剖视图。

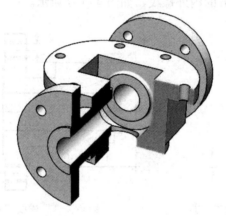
图 4-4-12　左视剖切示意

1）单击"圆"按钮，分别绘制直径为 45 mm、54 mm 的圆，然后用"修剪"命令修剪成半圆。

2）单击"圆弧"按钮（起点，圆心，角度），绘制半径为 35 mm 的 90°圆弧，如图 4-4-13 所示。

3）单击"直线"按钮，绘制剖切面边界线及 M12 螺纹通孔，如图 4-4-14 所示。

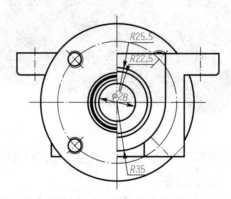
图 4-4-13　圆弧绘制示意

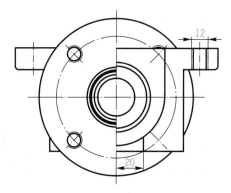

图 4-4-14　过程尺寸

4）根据主视图与左视图长对正的位置关系，绘制两条辅助线，在主视图上交于 5、6 两点。单击"样条曲线"按钮，以 5、6 两点为端点绘制相贯线，如图 4-4-15、图 4-4-16 所示。

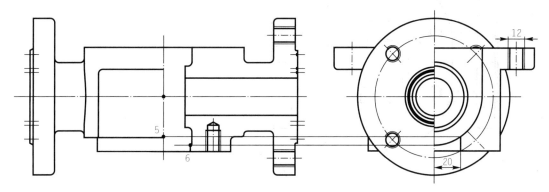

图 4-4-15　辅助线

图 4-4-16　相贯线

（4）俯视图的绘制。单击"直线"按钮，绘制直径为 28 mm 的内孔，如图 4-4-17 所示。

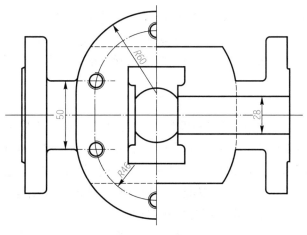

图 4-4-17　内孔

（5）绘制剖面线。以剖面线图层为当前图层，单击"图案填充"命令，绘制三个视图的剖面线，如图4-4-18所示。

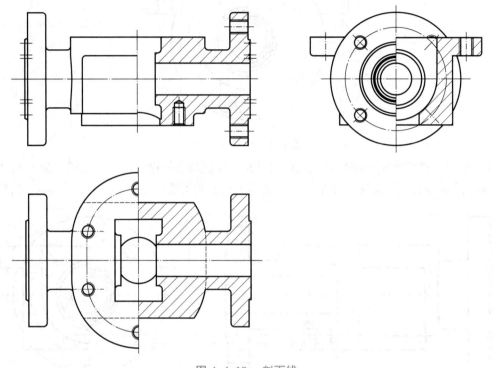

图 4-4-18　剖面线

（6）尺寸标注。对三个视图进行尺寸标注，最终图纸如图4-4-1所示。

三、知识储备

箱体类零件是组成机器和部件的主体零件，主要起支承、容纳、定位和密封的作用。外壳、阀体、减速器的箱体等都属于这类零件。

1. 结构分析

箱体类零件是机器或部件上的主体零件之一，其结构形状一般比较复杂。箱体类零件的结构大致由以下几个部分构成：容纳运动零件和贮存润滑液的内腔，由厚薄较均匀的壁部组成；其上有支承和安装运动零件的孔及安装端盖的凸台、凹坑、起模斜度、铸造圆角、销孔、肋等。

2. 视图表达

（1）主视图选择。由于箱体类零件形状结构复杂，加工工序多，加工位置变化也较多，但箱体在机器中的工作位置是固定的，因此，箱体常以工作位置和形状特征原则来选择主视图。为清晰表达内部结构，主视图常采用剖视的方法。主视图是按工作位置来选择的，采用全剖表达，这样不仅能清晰地反映箱体的内部结构及左端面螺纹孔的深度，而且明显地反映了箱体各组成部分的相对位置。

（2）其他视图的选择。其他视图是为补充主视图的表达不足而定的，每个视图要有表达的重点。

3．尺寸标注

箱体类零件的尺寸一般较多，标注尺寸时，除对箱体进行结构分析外，还应遵循一定的顺序和步骤。

（1）选择基准。确定箱体类零件的基准时，应尽量减少在加工时的装夹次数，通常选箱体的安装面、设计上要求的轴线、与其他零件的结合面、箱体的对称面及端面等作为基准。

（2）按设计要求，功能尺寸直接标注。

（3）补全其他尺寸。标出每个结构的定形尺寸和定位尺寸，同时要注意尺寸标注清晰、合理。

4．技术要求

（1）重要的箱体孔和重要的表面，其表面结构要求高。

（2）重要的尺寸、重要的表面应有尺寸公差和几何公差的要求。

任务五　绘制齿轮零件图

绘制如图 4-5-1 所示的齿轮零件图图样。

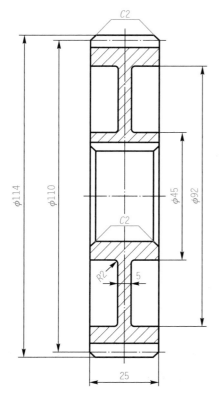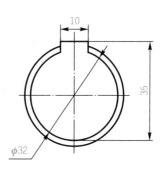

图 4-5-1　齿轮零件图

一、任务引入

齿轮是传动零件，能将一根轴的动力及旋转运动传递给另一根轴，也可改变转速和旋转方向。齿轮是常用件，属于盘类零件，其零件图表达方式通常为一个轴线横放的全剖主视图加一个左视图。

（1）图形分析：主要由直线、圆、尺寸线和剖面线构成；

（2）线型分析：线型主要由粗实线、细实线和点画线构成，可见轮廓线为粗实线，用来标注的尺寸线、剖面线为细实线，基准线为点画线；

（3）注释命令分析：本任务着重学习绘制表格。

二、任务实施

（1）打开文件，已设定好图框。

（2）按标准建设好图层。

（3）绘制齿轮的零件图。

1）单击"绘图"工具栏上的"构造线"按钮 和"修改"工具栏上的"偏移"按钮，绘制基准线，如图 4-5-2 所示。

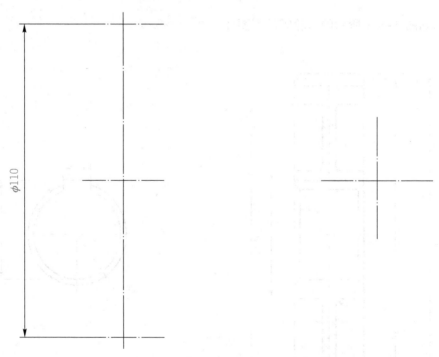

图 4-5-2　绘制基准线

2）单击"绘图"工具栏上的"圆"按钮，选择"圆心，直径"，绘制左视图中的两个圆。中心圆直径分别为 32 mm、36 mm，如图 4-5-3 所示。

3）单击"绘图"工具栏上的"直线"按钮 和"修改"工具栏上的"偏移"按钮

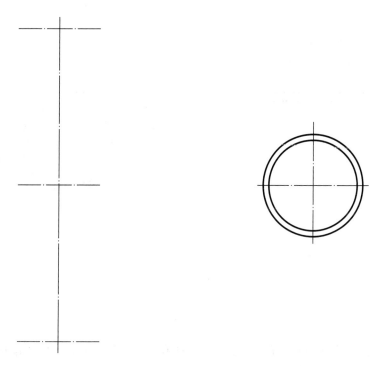，绘制左视图，将左视图直线延伸至主视图，如图 4-5-4 所示。

图 4-5-3　左视图圆形

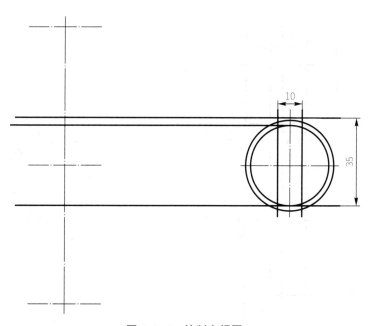

图 4-5-4　绘制左视图

4）单击"修改"工具栏上的"修剪"按钮 修剪 和"打断"按钮，将图中多余线段进行修剪，如图 4-5-5 所示。

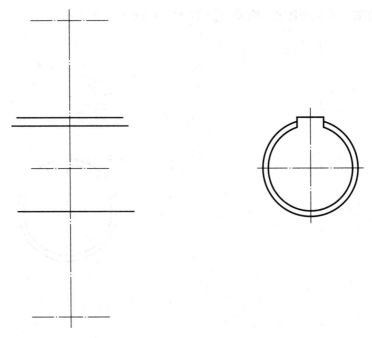

图 4-5-5　进行修剪

5）单击"绘图"工具栏上的"直线"按钮和"修改"工具栏上的"偏移"按钮，绘制主视图，以主视图水平中心线对称偏移，偏移距离分为 22.5 mm、46 mm、52.5 mm、57 mm。以主视图垂直中心线对称偏移，偏移距离分别为 2.5 mm、12.5 mm，如图 4-5-6 所示。

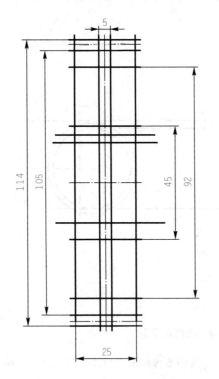

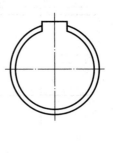

绘制主视图
线段

图 4-5-6　绘制主视图线段

6）单击"修改"工具栏上的"修剪"按钮 🖘，进行修剪，将多余线段剪切掉，如图 4-5-7 所示。

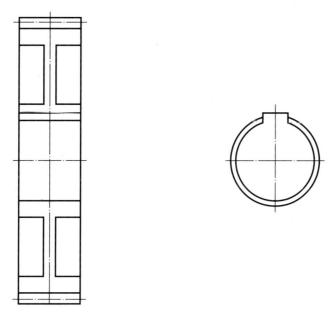

图 4-5-7　多余线段修剪

7）单击"修改"工具栏上的"圆角"按钮 圆角，绘画主视图圆角，*R* 值为 1 mm，如图 4-5-8 所示。

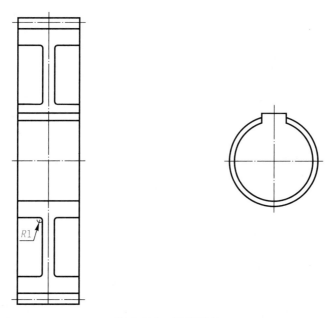

图 4-5-8　绘制圆角

8）单击"修改"工具栏上的"倒角"按钮 倒角 ，进行倒角，倒角角度为 45°，边长为 2 mm，如图 4-5-9 所示。

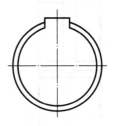

绘制倒角

图 4-5-9　绘制倒角

9）单击"绘图"工具栏上的"图案填充"按钮 ，在"图案填充创建"上下文选项卡中选择 ANSI31，进行剖面的绘制，如图 4-5-10 所示。

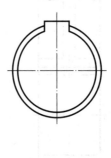

图 4-5-10　绘制剖面线

10）单击"注释"选项卡"标注"面板上的 ↘，弹出"标注样式管理器"对话框进行设置，"样式"选择"ISO-25"，完成后标注 $C2$ 角度为 45°，利用"直线"命令绘制水平夹角 45° 尺寸线，如图 4-5-11 所示。

11）单击"注释"选项卡"表格"面板中的"表格"按钮 表格进行插入，表格尺寸为 32 mm×21 mm，3 行 3 列，外边框为粗实线，字体为 2.5 号，位置为正中，如图 4-5-12 所示。

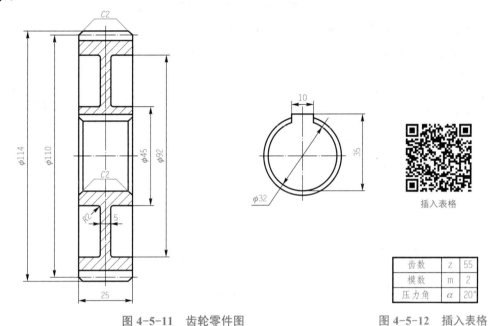

图 4-5-11 齿轮零件图

齿数	Z	55
模数	m	2
压力角	α	20°

图 4-5-12 插入表格

图纸绘制完成，如图 4-5-13 所示。

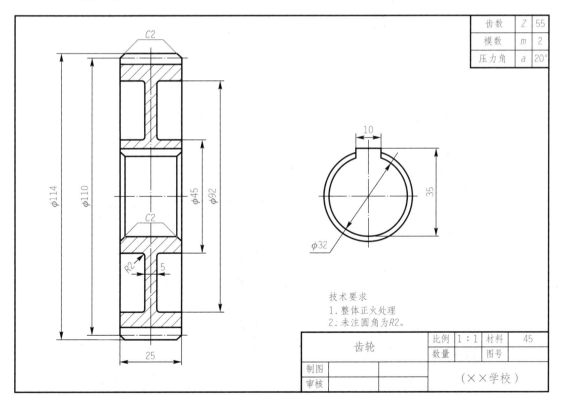

图 4-5-13 齿轮零件图

三、技能解析

单击"注释"选项卡"表格"面板中的"表格"按钮，系统弹出"插入表格"对话框，可以对表格样式进行设置。"表格"快捷键为TB。

使用表格功能，用户可以直接插入文件中的表格，也可以用已经设置好的表格。

以标题栏为例，讲解表格样式的创建方法，以及表格创建与编译。

操作步骤如下：

（1）单击"注释"选项卡"表格"面板中的"表格"按钮，系统弹出"插入表格"对话框，如图4-5-14所示。

表格

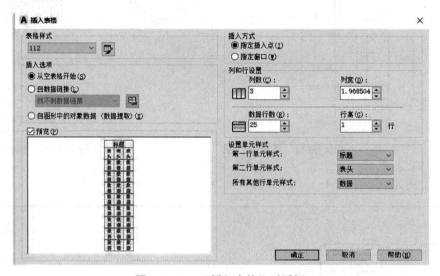

图4-5-14 "插入表格"对话框

（2）单击"表格样式"按钮，弹出"表格样式"对话框，如图4-5-15所示。

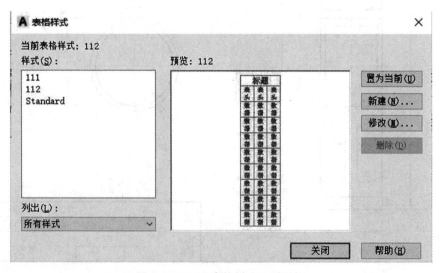

图4-5-15 "表格样式"对话框

（3）单击"新建"按钮，弹出"创建新的表格样式"对话框，新建样式"标题栏"，如图 4-5-16 所示。

图 4-5-16　新建"标题栏"

（4）此时，样式名称改为"标题栏"，设置参数，如图 4-5-17 所示。

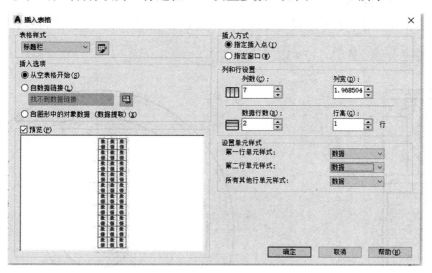

图 4-5-17　设置"标题栏"参数

（5）在图纸上插入"标题栏"表格，框选已经插入的表格，单击鼠标右键，在弹出的快捷菜单中选择"快捷特性"，弹出如图 4-5-18 所示对话框。确定后表格如图 4-5-19 所示。

图 4-5-18　"快捷特性"对话框

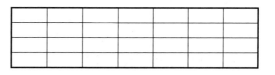

图 4-5-19　调整后表格

选中整个表格时，会出现许多蓝色的夹点，拖动夹点就可以调整表格的行高和列宽，如果需要整合表格，同 Excel 表格操作相同，选择要合并的单元格，单击鼠标右键，在弹出的快捷列表中选择需要的属性。调整后如图 4-5-20 所示。将标题栏加入文字部分，如图 4-5-21 所示。

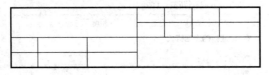

图 4-5-20 合并调整表格

齿轮			比例	1∶1	材料	45
			数量		图号	
制图						
审核			（××学校）			

图 4-5-21 表格加入文字部分

四、知识储备

1. 直齿圆柱齿轮的规定画法（GB/T 4459.2—2003）

齿轮的轮齿部分一般不按真实投影绘制，而是采用规定画法，如图 4-5-22 所示。

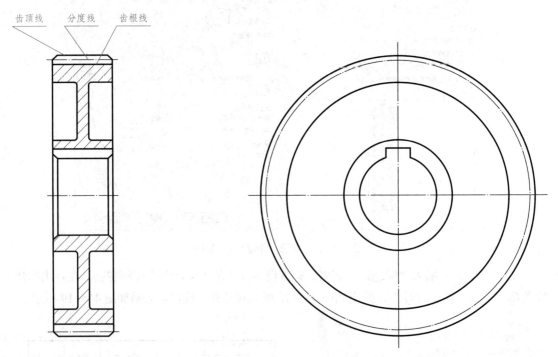

图 4-5-22 单个齿轮画法

（1）齿顶圆和齿顶线用粗实线绘制。

（2）分度圆和分度线用细点画线绘制。

（3）齿根圆和齿根线用细实线绘制，可省略不画；在剖视图中，齿根线用粗实线绘制。

2．直齿圆柱齿轮的基本参数

（1）齿数：一个齿轮的轮齿总数，用 z 表示。

（2）模数：齿距除以圆周率所得到的商。模数用 m 表示，单位为 mm。模数是齿轮几何尺寸计算中最基本的一个参数。

（3）压力角：标准齿轮的压力角为 $20°$。

榜样力量

孙泽洲，全国劳动模范，生于1970年，辽宁沈阳人，毕业于南京航空航天大学，现任嫦娥四号探测器总设计师，曾获得光华工程科技奖青年奖、"世界航天奖"等奖项。2021年8月，荣获首届航天功勋荣誉称号。

孙泽洲同志曾获国家科学技术进步奖特等奖1项、一等奖1项，国防科学技术奖特等奖以及全国"五一劳动奖章"等多项荣誉。他是我国航天器总体设计和测控通信技术专家，是我国月球及深空探测器技术的新一代领军人物之一。他长期致力于深空探测领域研究和工程实践，先后担任嫦娥三号、四号探测器、火星探测器系统总设计师，带领团队圆满完成了我国首次绕月探测任务和首次月面软着陆及巡视探测任务，尤其是嫦娥四号探测器实现人类首次登陆月球背面，是我国建设航天强国的重大标志性工程。作为火星探测器总设计师，他将带领团队继续推动中国深空探测不断走向更远。

——资料来源：人民网

课后练习

一、基础知识理论试题

1．填空题

（1）表示零件结构、大小及技术要求的图样称为_____。

（2）轴的主体多数由几段直径不同的圆柱、圆锥体所组成，构成阶梯状。轴（套）类零件的轴向尺寸远大于其径向尺寸。轴上常加工有_____、_____、_____、_____、_____、中心孔等结构。

（3）为了传递动力，轴上装有齿轮、带轮等，利用键来连接，因此轴上有_____；为了便于轴上各零件的安装，在轴端车有_____；轴的中心孔是供加工时_____和_____。这些局部结构主要是为了满足设计要求和工艺要求。

（4）轴类零件的主视图按加工位置选择，一般将轴线_____放置，垂直轴线方向作为主视图的投射方向，使它符合车削和磨削的加工位置。

（5）轴上的局部结构一般采用_____、_____、_____来表达。用移出断面反映键槽的深度，用局部放大图表达定位孔的结构。

（6）在机械加工过程中，不可能将零件的尺寸加工得绝对准确，而是允许零件的实际尺寸在合理的范围内变动。这个允许的尺寸变动量就是_____，简称公差。公差越小，零件的精度越_____，实际尺寸的允许变动量也越_____；反之，公差越_____，零件的精度越_____。

（7）_____和_____统称为极限偏差。极限偏差可以是正值、负值或零，而公差恒为正值，不能是零或负值。

（8）零件在机械加工过程中，由于机床、刀具的振动，以及材料在切削时产生塑性变形、刀痕等原因，经放大后可见其加工表面是高低不平的，零件加工表面上具有较小间距与峰谷所组成的微观几何形状特性称为_____。

（9）表面粗糙度是评定零件表面质量的一项重要技术指标，对于零件的_____、_____、_____以及密封性等都有显著影响，是零件图中必不可少的一项技术要求。

（10）填写标题栏时，小格中的内容用_____号字，大格中的内容用_____号字；明细栏项目栏中的文字用7号字，表中的内容用_____号字。简化标题栏里边的格线是_____实线，标题栏的外框是_____实线，其右侧和下方与图框重叠在一起；明细栏中的横格线是_____实线，竖格线是_____实线。

（11）_____命令用于修改编辑对象的图层、颜色、线型、线型比例、线宽和文本特性等。

（12）夹点选中后的拉伸功能与"修改"工具栏上的_____命令的功能相同。

（13）_____命令可以处理和插入块、外部参照和填充图案等内容。在命令行中输入_____，即可执行该命令。

（14）如果用户绘制新的图形时使用的是英制单位，那么系统默认标注样式为_____；如果用户绘制新的图形时使用的是公制单位，那么系统默认的样式为_____。

（15）在AutoCAD中，系统变量_____可以设置"标注样式"中的"文字高度"选项。

（16）_____命令用于自动测量并沿一条简单的引线显示指定点的 X 或 Y 坐标_____。

（17）标注文字包括_____、_____和_____等，标注文字一般沿尺寸线放置。通常情况下，标注文字应按标准字体书写，在同一张图纸中的字高要一致。

（18）尺寸标注过程中，_____是指当尺寸线断开以容纳标注文字时标注文字周围的距离。

（19）在"标注样式"对话框的"公差"选项组中，选择"方式"中的"无"和"基本尺寸"选项时，对话框中只有_____选项可以使用。选择_____选项时，"下偏差"选项不能使用。

2. 选择题

（1）设置"夹点"大小及颜色是在"选项"对话框的（　　　）选项卡中。

A. 显示　　　　B. 打开和保存　　　　C. 系统　　　　D. 选择

（2）选中夹点的默认颜色是（　　）。

A．红色 　　　　　　　　　　B．黄色

C．绿色 　　　　　　　　　　D．蓝色

（3）下列选项中不支持夹点拉伸功能的是（　　）。

A．圆心 　　　　　　　　　　B．文本插入点

C．圆弧端点 　　　　　　　　D．图块插入点

（4）选中一个对象后，处于夹点编辑状态，按（　　）键，可以切换夹点编辑模式，如镜像、移动、旋转、拉伸和缩放。

A．Shift 　　　　　　　　　　B．Tab

C．Ctrl 　　　　　　　　　　D．Enter

（5）（　　）命令可以方便地查询指定两点之间的直线距离，以及该直线与 X 轴的夹角。

A．距离 　　　　　　　　　　B．面积

C．面域 　　　　　　　　　　D．点坐标

（6）在命令行中输入（　　）不是执行"列表"命令。

A．List 　　　　　　　　　　B．Li

C．Ls 　　　　　　　　　　D．Lis

（7）在"标注样式"对话框的"圆心标记类型"选项中，所供用户选择的选项不包含（　　）选项。

A．直线 　　　　　　　　　　B．圆弧

C．标记 　　　　　　　　　　D．无

（8）在"标注样式"对话框中，"文字"选项组中的"分数高度比例"选项只有设置了（　　）选项后方才有效。

A．公差 　　　　B．换算单位 　　　　C．使用全局比例 　　　　D．单位精度

（9）当图形中只有两个端点时，不能执行"快速标注"命令过程中的（　　）。

A．连续 　　　　　　　　　　B．相交

C．编辑中指定要删除的标注点 　　　　D．编辑中的添加

（10）使用"快速标注"命令标注圆或圆弧时，不能自动标注（　　）选项。

A．圆心 　　　　B．半径 　　　　C．直径 　　　　D．基线

（11）在设置单位精度的过程中，最多可设置小数点后（　　）位。

A．4 　　　　B．6 　　　　C．8 　　　　D．10

（12）式子 20 mm±0.5 mm 是公差标注中的（　　）形式。

A．对称 　　　　B．极限偏差 　　　　C．极限尺寸 　　　　D．基本尺寸

（13）下列不属于基本标注类型的标注是（　　）。

A．快速标注 　　　　B．基线标注 　　　　C．线性标注 　　　　D．对齐标注

二、绘图练习

1．绘制端盖零件图。

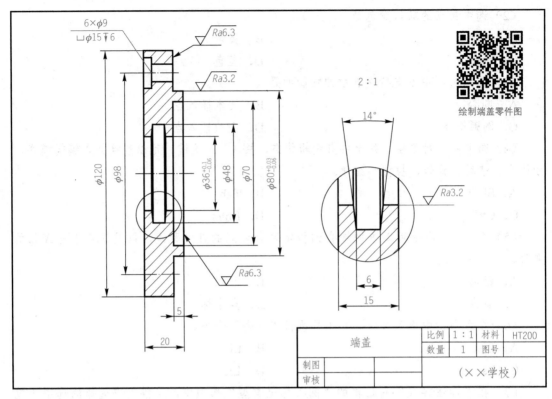

		比例	1:1	材料	HT200
端盖		数量	1	图号	
制图			（××学校）		
审核					

2. 绘制底座零件图。

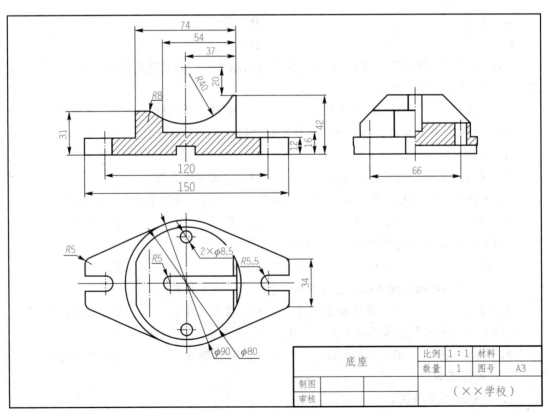

		比例	1:1	材料	
底座		数量	1	图号	A3
制图			（××学校）		
审核					

绘制底座基准线

绘制底座主视图

绘制底座俯视图

3. 绘制阀盖零件图。

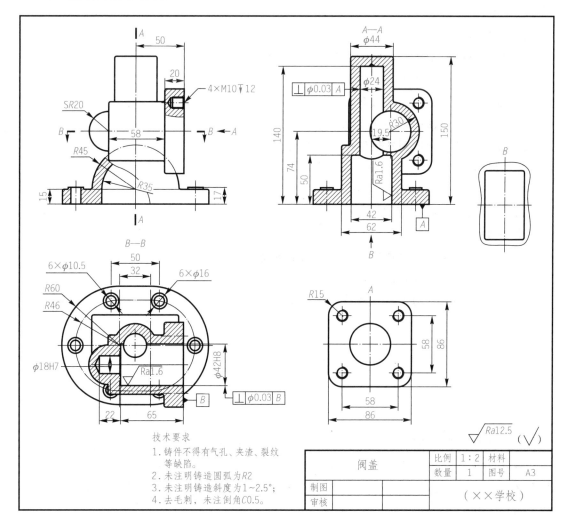

技术要求

1. 铸件不得有气孔、夹渣、裂纹等缺陷。
2. 未注明铸造圆弧为R2
3. 未注明铸造斜度为1~2.5°；
4. 去毛刺，未注倒角C0.5。

阀盖		比例	1：2	材料	
		数量	1	图号	A3
制图				（××学校）	
审核					

绘制阀盖基准线

绘制阀盖俯视图

比例缩放

学习情境五　装配图的绘制

学习目标

知识目标：

1. 熟悉 AutoCAD 并入法绘制装配图的方法及步骤；
2. 了解装配图的作用及其组成；
3. 理解装配图的规定画法和特殊画法；
4. 熟悉拆装配图的方法及步骤；
5. 复习零件图的绘制及块的保存和应用。

能力目标：

1. 能应用 AutoCAD 软件绘制装配图；
2. 能应用 AutoCAD 软件拆画装配图。

素养目标：

1. 严格按照国家标准规定，不断提高绘图质量；
2. 培养乐于动脑分析的习惯；
3. 提升空间想象力及精益求精的职业精神。

任务一　零件图的绘制及其块的保存

一、任务引入

工程图的绘制一般有两种方式，一种是先绘制出装配图，再从装配图中拆画零件图，这种方法往往不适合比较复杂的装配体；另一种则适合结构较复杂、零件较多的装配体，就是先将装配所需要的零件——绘制出来，最后将这些零件拼装修改成为装配图。本任务选用第二种方式绘制装配图。

二、任务实施

1. 底座零件图的绘制及块的保存

（1）利用 AutoCAD 相关绘图命令和图形编辑命令，绘制底座的零件图，如图 5-1-1 所示。

（2）块的保存。

1）创建新块"底座零件图"（B）。

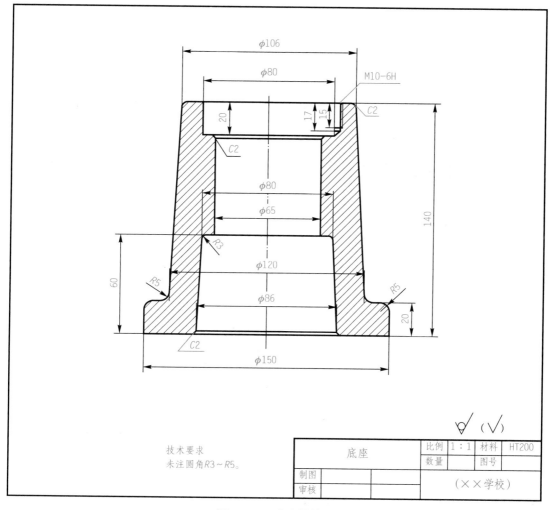

技术要求
未注圆角R3~R5。

			比例	1:1	材料	HT200
	底座		数量		图号	
制图						
审核				(××学校)		

图 5-1-1　底座零件图

2）保存"底座零件图"块（Wblock）。

2. 螺杆零件图的绘制及块的保存

（1）利用 AutoCAD 相关绘图命令和图形编辑命令，绘制螺杆套的零件图，如图 5-1-2 所示。

（2）块的保存。

1）创建新块"螺杆零件图"（B）。

2）保存"螺杆零件图"块（Wblock）。

3. 螺套零件图的绘制及其块的保存

（1）利用 AutoCAD 相关绘图命令和图形编辑命令，绘制螺套的零件图，如图 5-1-3 所示。

（2）块的保存。

1）创建新块"螺套零件图"（B）。

2）保存"螺套零件图"块（Wblock）。

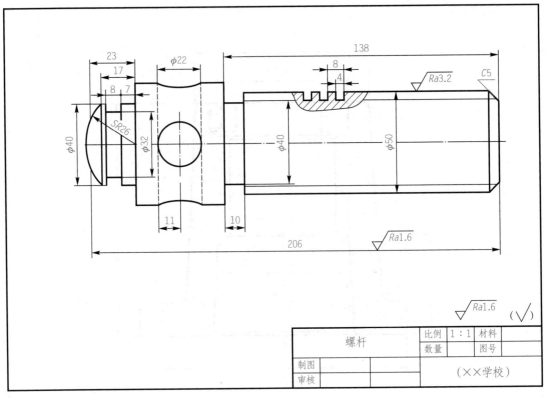

图 5-1-2 螺杆零件图

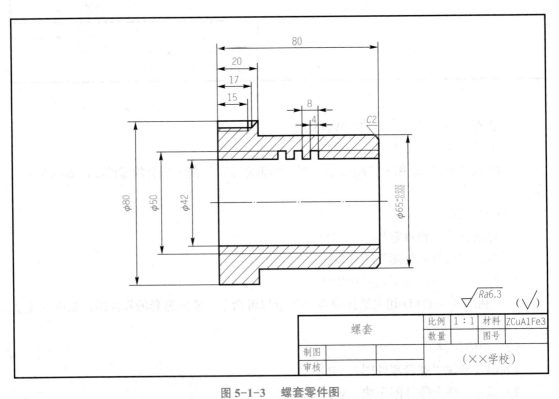

图 5-1-3 螺套零件图

4．铰杠零件图的绘制及其块的保存

（1）利用 AutoCAD 相关绘图命令和图形编辑命令，绘制铰杠的零件图，如图 5-1-4 所示。

（2）块的保存。

1）创建新块铰杠。

2）保存铰杠。

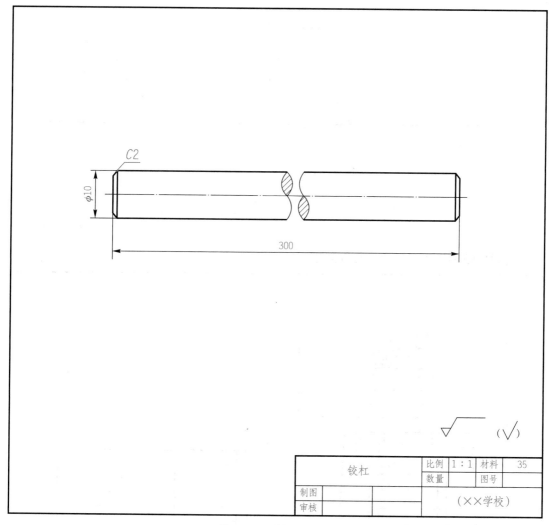

图 5-1-4　铰杠零件图

5．顶垫零件图的绘制及其块的保存

（1）利用 AutoCAD 相关绘图命令和图形编辑命令，绘制顶垫的零件图，如图 5-1-5 所示。

（2）块的保存。

1）创建新块"顶垫螺钉零件图"（B）。

2）保存"顶垫零件图"块（Wblock）。

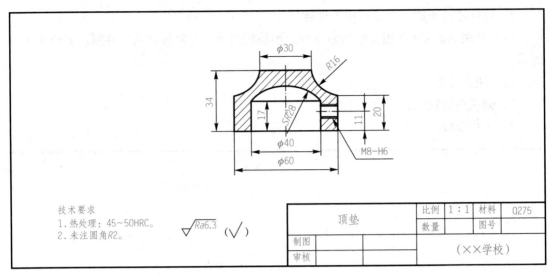

技术要求
1.热处理：45~50HRC。
2.未注圆角R2。

$\sqrt{Ra6.3}$ ($\sqrt{}$)

			顶垫		比例	1：1	材料	Q275
					数量		图号	
制图								
审核						（××学校）		

图 5-1-5　顶垫零件图

任务二　绘制千斤顶装配图

绘制如图 5-2-1 所示的千斤顶装配图。

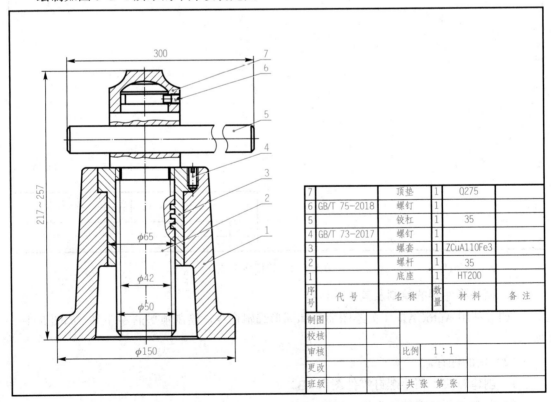

7		顶垫	1	Q275	
6	GB/T 75-2018	螺钉	1		
5		铰杠	1	35	
4	GB/T 73-2017	螺钉	1		
3		螺套	1	ZCuA110Fe3	
2		螺杆	1	35	
1		底座	1	HT200	
序号	代　号	名　称	数量	材　料	备注
制图					
校核					
审核			比例	1：1	
更改					
班级			共张 第张		

图 5-2-1　千斤顶装配图

一、任务引入

装配图是生产过程中机器和部件的制造、检测和安装中必不可少的技术资料，也是表达部件或机器结构装配关系、工作原理、结构形状及性能要求等的技术图样。同时，装配图也是工程技术人员体现设计思想、进行技术交流和传递工程信息的重要依据，重在表达机器与部件、零件与部件以及部件与部件之间的连接关系。

螺旋千斤顶的工作原理：转动铰杠带动螺杆旋转，通过螺旋运动（螺杆和螺母之间的相对运动）将螺杆的旋转运动转变为螺杆的直线运动，从而带动顶垫做升降运动。

二、任务实施

1. 调用 A3 样板图

单击"快速访问"工具栏中的"新建"按钮![btn]，弹出"选择样板"对话框，选择如图 5-2-2 所示 A3 样板图，并绘制明细表。

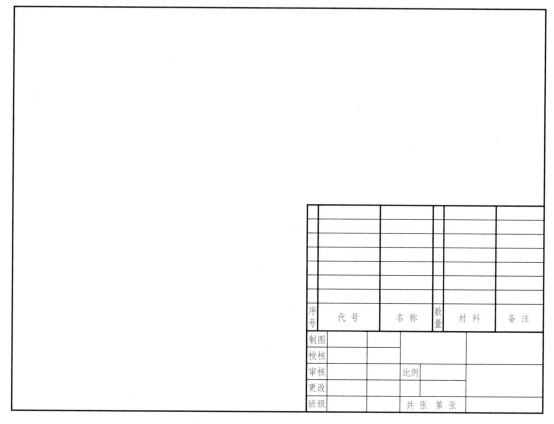

图 5-2-2　调用 A3 样板图

2. 下载千斤顶零件图

在计算机桌面打开"我的电脑"，选择 F 盘，新建一个文件夹，将文件夹重命名为"千斤顶零件图"，扫描右侧二维码下载千斤顶零件图保存到该文件夹中。

千斤顶零件图

3．插入"底座零件图"

在装配图图框中插入"底座零件图"块，比例为 1：1，并对块进行分解，整理图形效果如图 5-2-3 所示。

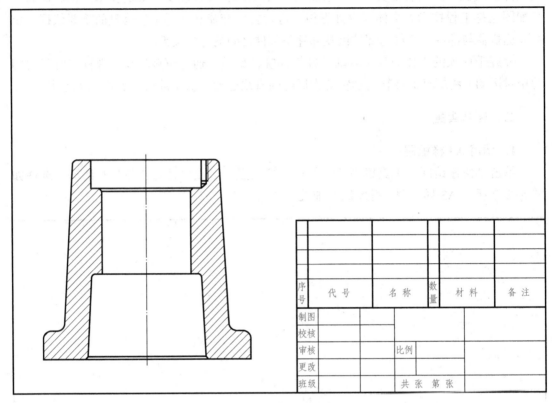

序号	代 号	名 称	数量	材 料	备 注
制图					
校核					
审核			比例		
更改					
班级			共 张 第 张		

图 5-2-3　插入底座

插入底座

4．插入螺套

插入"螺套零件图"块和"紧定螺钉"块并进行分解，注意多零件共用线的修改，通过整理，效果如图 5-2-4 所示。

5．插入螺杆

插入"螺杆零件图"块并对其进行分解，通过整理，效果如图 5-2-5 所示。

插入螺套

插入螺杆

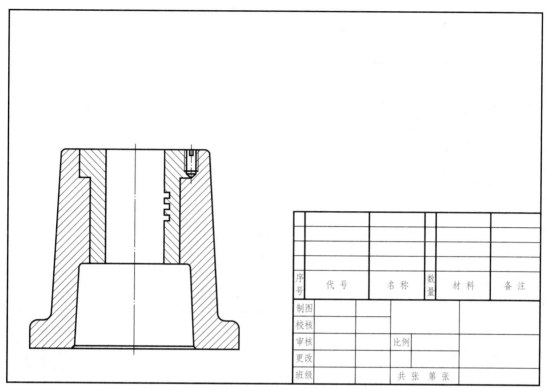

序号	代 号	名 称	数量	材 料	备 注
制图					
校核					
审核		比例			
更改					
班级		共 张 第 张			

图 5-2-4　插入螺套

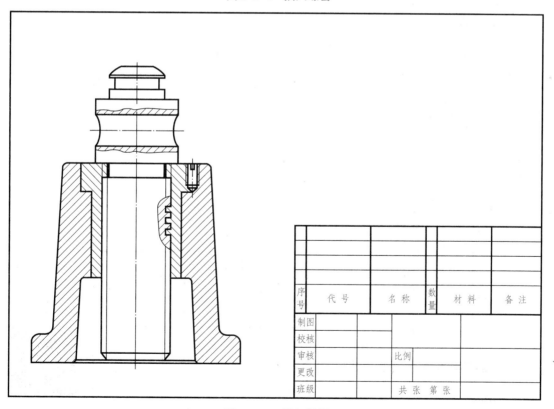

序号	代 号	名 称	数量	材 料	备 注
制图					
校核					
审核		比例			
更改					
班级		共 张 第 张			

图 5-2-5　插入螺杆

6. 插入顶垫

插入"顶垫零件图"块并对其进行分解，效果如图 5-2-6 所示。

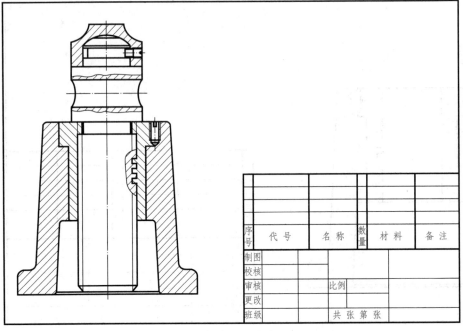

序号	代 号	名 称	数量	材 料	备 注
制图					
校核					
审核			比例		
更改					
班级			共张第张		

插入顶垫

图 5-2-6　插入顶垫

7. 插入铰杠

插入"铰杠零件图"块并对其进行分解，效果如图 5-2-7 所示。

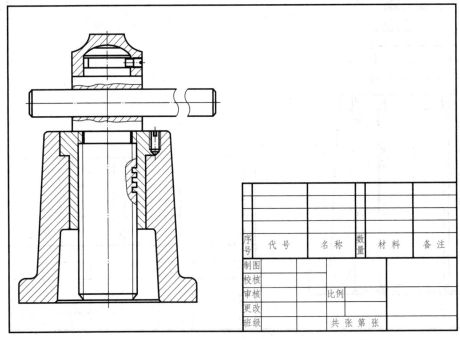

序号	代 号	名 称	数量	材 料	备 注
制图					
校核					
审核			比例		
更改					
班级			共张第张		

插入铰杠

图 5-2-7　插入铰杠

8．装配图尺寸的标注和零件序号的标注

（1）标注装配图尺寸：配合尺寸、总长、总高和螺杆运动范围尺寸。

（2）利用"多重引线"（Qleader）命令，标注零件序号，如图 5-2-1 所示。

9．技术要求及标题栏、明细栏的书写

利用"多行文字"命令，书写技术要求、标题栏和明细栏，如图 5-2-1 所示。

三、知识储备

1．装配图的组成

装配图的内容由一组视图、尺寸标注、技术要求、标题栏和明细栏 4
部分组成，如图 5-2-1 所示。

2．装配图的常用画法

装配图的表达方法是根据国家制图标准对绘制装配图相关的规定，按
照正投影的原理和方法以及零件图的表达方法（视图、剖视、断面）及视
图选用原则来确定的。

装配图尺寸标注和
零件序号标注

针对装配图的特点，为了清晰地表达出装配体的结构，国家标准对装配图在表达方
法上还有一些规定画法、特殊表达方法和简化画法。

（1）规定画法。

1）各零件的剖面符号要区别开来。

2）不接触表面和非配合表面画成两条线；两零件的接触表面和配合面只画一条
直线。

（2）特殊表达画法。

1）简化画法。螺纹紧固件等，详细地画出一组或几组，其余用点画线表示其装配
位置。

2）沿结合面剖切和拆卸画法。假想沿零件结合面剖切，结合面上不画剖面符号，或
拆卸后再画出视图。

3）假想画法。用双点画线画出表示与本部件有装配关系或表示运动零件的极限位置。

4）夸大画法。对薄片零件、微小间隙等采用夸大画法。

3．并入法绘制装配图

利用 AutoCAD 绘制装配图通常采用并入法，即将画好的零件图保存为块，根据零件
之间的位置关系，逐一插入进行绘制。并入法可以节省空间，提高绘图效率。

并入法绘制装配图的内容和方法如下：

（1）视图分析与表达。

（2）绘制零件图并保存为块。

（3）设置图幅、图层、图框和标题栏。

（4）绘制装配视图轮廓。

（5）标注装配图尺寸和零件序号。

（6）书写技术要求、填写明细栏。

任务三　拆画零件图

拆画如图 5-3-1 所示的零件图。

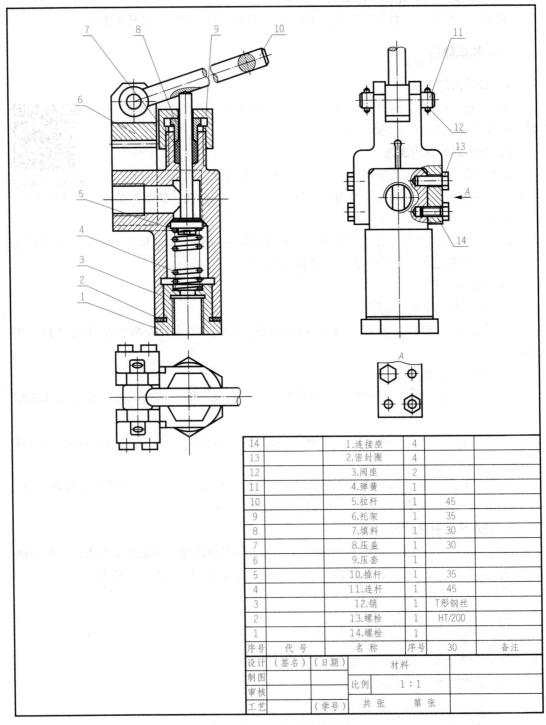

14		1.连接座	4		
13		2.密封圈	4		
12		3.阀座	2		
11		4.弹簧	1		
10		5.拉杆	1	45	
9		6.托架	1	35	
8		7.填料	1	30	
7		8.压盖	1	30	
6		9.压套	1		
5		10.推杆	1	35	
4		11.连杆	1	45	
3		12.销	1	T形钢丝	
2		13.螺栓	1	HT/200	
1		14.螺栓	1		
序号	代　号	名　称	序号	30	备注
设计	（签名）	（日期）	材料		
制图			比例	1:1	
审核					
工艺		（学号）	共张　第张		

图 5-3-1　旋塞装配图

一、任务引入

设计新机器时，经常是按功能要求先设计、绘制出部件装配图，确定零件主要结构，然后根据装配图画零件图，将各零件结构、形状和大小完全确定。根据装配图画零件图的工作称为"拆图"，拆图的过程往往也是完成设计零件的过程。

通过本任务，着重训练装配图的识读能力、拆图及完善零件图的能力。自动闭锁式旋塞共由 14 类零件装配而成，本任务拆画阀座 3、托架 6。

二、任务实施

1. 拆画阀座

通过识读装配图可知，在装配图中同一个零件的剖面线的样式是相同的，按照这个原则，确定蓝色轮廓线所包含的区域为阀座，如图 5-3-2 所示，从装配图中复制出蓝色轮廓线，将缺少轮廓线补全，再根据三视图的对应关系，得出完整的阀座零件图，如图 5-3-3 所示。

阀座

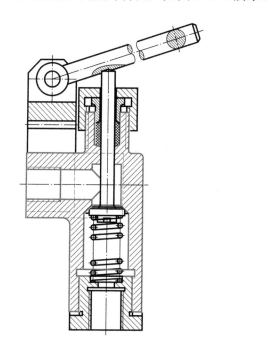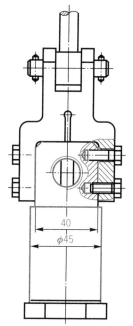

图 5-3-2　装配图中的阀座图线

2. 拆画托架

确定蓝色轮廓线所包含的区域为托架，如图 5-3-4 所示，从装配图中复制出蓝色轮廓线，将缺少轮廓线补全，再根据三视图的对应关系，得出完整的托架零件图，如图 5-3-5 所示。

托架

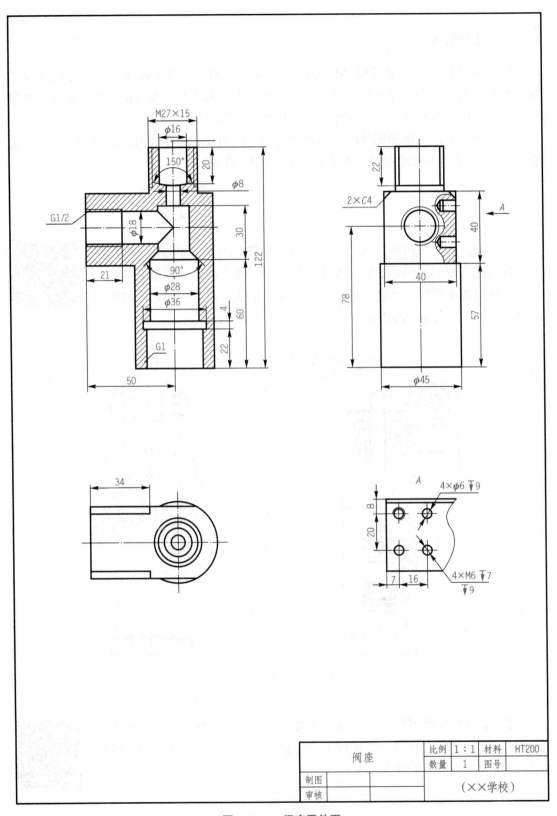

图 5-3-3　阀座零件图

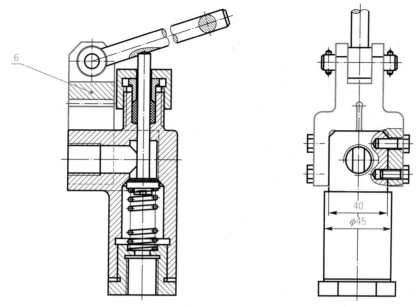

图 5-3-4　托架在装配图中的图线

6—托架

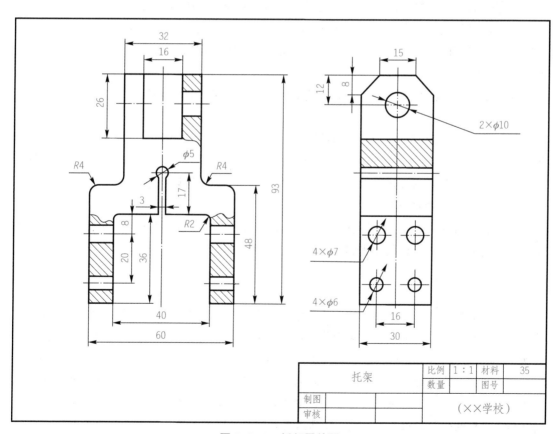

托架		比例	1:1	材料	35
		数量		图号	
制图					
审核			（××学校）		

图 5-3-5　托架零件图

三、知识储备

由装配图拆画零件图是将装配图中的非标准件从装配图中分离出来，并画成零件图的过程，这是设计工作中的一个重要环节。

1．对零件表达方案的处理

装配图上的表达方案主要是从表达装配关系、工作原理和装配体的总体情况来考虑的。因此，在拆画零件图时，应根据所拆画零件的内外形状及复杂程度来选择表达方案，而不能简单地照抄装配图中该零件的表达方案。对于装配图中省略的工艺结构，如倒角、退刀槽等，也应根据工艺要求在零件图上表示清楚。

2．尺寸处理

零件图上的尺寸应根据装配图来决定，其处理方法一般有以下几种。

（1）抄注在装配图中已标注出的尺寸往往是较重要的尺寸。这些尺寸一般都是装配体设计的依据，自然也是零件设计的依据。在拆画其零件图时，这些尺寸不能随意改动，应完全照抄。对于配合尺寸，应根据其配合代号，查出偏差值并标注在零件图上。

（2）查找螺栓、螺母、螺钉、键、销等，其规格尺寸和标准代号一般在明细栏中已列出，其详细尺寸可从相关标准中查得。

螺孔直径、螺孔深度、键槽、销孔等尺寸应根据与其相结合的标准件尺寸来确定。按标准规定的倒角、圆角、退刀槽等结构的尺寸应查阅相应的标准来确定。

（3）计算某些尺寸数值应根据装配图所给定的尺寸，通过计算确定。

如齿轮轮齿部分的分度圆尺寸、齿顶圆尺寸等，应根据所给的模数、齿数及有关公式来计算。

（4）量取在装配图上没有标注出的其他尺寸，可从装配图中用比例尺量取。量取时，可取整数。

另外，在标注尺寸时应注意，有装配关系的尺寸应相互协调。如有配合要求的轴和孔，其基本尺寸应相同。其他尺寸也应相互适应，避免零件在装配或运动时产生矛盾或产生干涉、咬卡现象。在进行尺寸标注时，还要注意尺寸基准的选择。

3．对技术要求的处理

对零件的几何公差、表面粗糙度及其他技术要求，可根据装配体的实际情况及零件在装配体的使用要求，还可参照同类产品的有关资料以及已有的生产经验进行综合确定。

🦅 榜样力量

罗阳，辽宁沈阳人，研究员级高级工程师。2012 年，罗阳同志获得感动中国年度人物，是辽宁省劳动模范、"航空报国金奖"获得者。从1982年大学毕业分配至沈阳飞机设计研究所，到2012年因心脏病突发倒在中国歼–15舰载机起降训练的工作岗位；从带领员工实现新一代中国产战机的批量交付，到谋局通用航空产业发展，罗阳的三十载年华都致力于他所热爱的航空事业。习近平总书记指出，罗阳身上所具有的信念的能量、大爱的胸怀、忘我的精神、进取的锐气，正是我们民族精神的最好写照，他们都是我们"民族的脊梁"。

——资料来源：360 百科

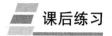

1. 拆画零件图

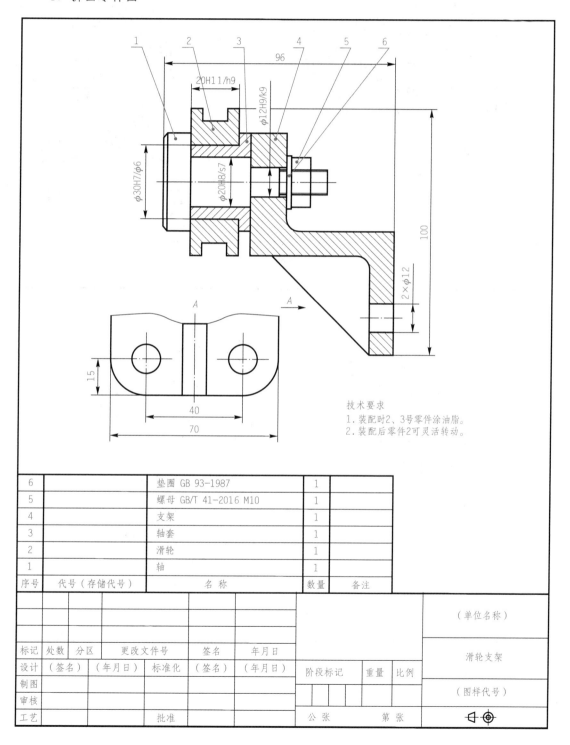

技术要求
1. 装配时2、3号零件涂油脂。
2. 装配后零件2可灵活转动。

6		垫圈 GB 93-1987	1	
5		螺母 GB/T 41-2016 M10	1	
4		支架	1	
3		轴套	1	
2		滑轮	1	
1		轴	1	
序号	代号（存储代号）	名 称	数量	备注

									（单位名称）
标记	处数	分区	更改文件号	签名	年月日				滑轮支架
设计	（签名）	（年月日）	标准化	（签名）	（年月日）	阶段标记	重量	比例	
制图									（图样代号）
审核									
工艺			批准			公 张		第 张	

2. 根据图示绘制齿轮泵装配图。

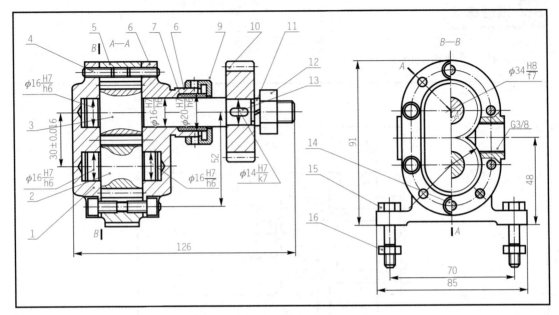

A 图

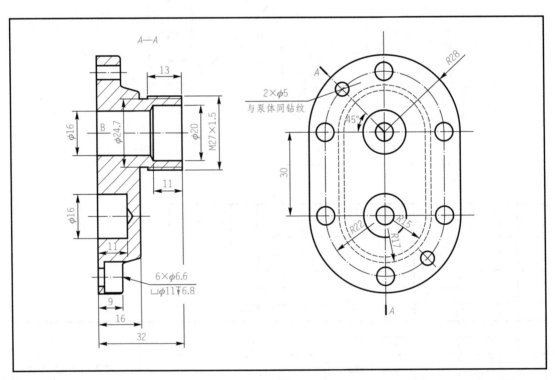

B 图

学习情境六 图纸输出

学习目标

知识目标：

1．了解 AutoCAD 图纸输出打印设备的选择方法；

2．理解 AutoCAD 图纸输出打印参数的含义和设置方法；

3．了解 AutoCAD 单张、多张图纸输出打印的方法及步骤。

能力目标：

1．能对 AutoCAD 图纸输出打印进行参数的设置；

2．能应用 AutoCAD 对单张图和多张图纸进行输出打印。

素养目标：

1．在工作、学习、生活中自觉弘扬节约的优良作风。

2．培养认识美、体验美、感受美、欣赏美和创造美的能力，从而具有美的理想、美的情操、美的品格和美的素养。

任务一 单张图纸打印

打印图 6-1-1 所示的千斤顶底座。

一、任务引入

通过本项目的学习，读者了解 AutoCAD 图纸打印时设备的选择，掌握 AutoCAD 图纸打印的步骤、要点和技巧。

二、任务实施

（1）打开素材文件"学习情境六 / 底座 .dwg"。

（2）利用 AutoCAD 的"添加绘图仪向导"配置一台绘图仪"Adobe PDF"。

（3）单击"快速访问"工具栏上的"打印"按钮，打开"打印 – 模型"对话框，如图 6-1-2 所示。

底座

（4）在"打印机 / 绘图仪"选项组的"名称"下拉列表中指定打印设备"Adobe PDF"。若要修改打印机特性，可单击"特性"按钮 特性(R)... ，弹出"绘图仪器配置编辑器"对话框，通过该对话框修改打印机端口和介质类型，还可以自定义图纸大小。

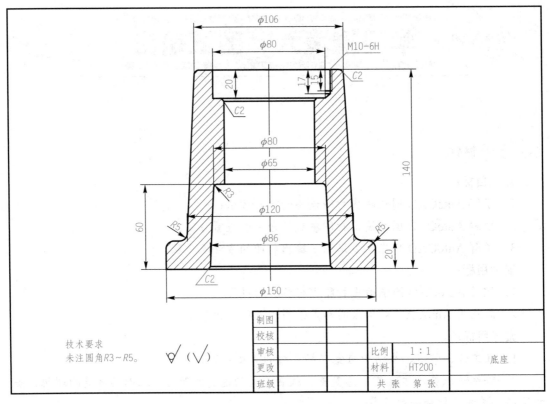

图 6-1-1　千斤顶底座

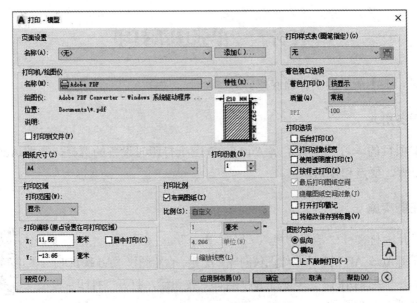

图 6-1-2　"打印 - 模型"对话框

（5）在"打印份数"选项组的文本框中输入打印份数。

（6）如果要将图形输出到文件，则应在"打印机/绘图仪"选项组中选择"打印到文件"选项，单击"确定"按钮，弹出"浏览打印文件"对话框，然后单击"打印"按钮，在弹出的对话框中指定输出文件的名称及地址。

（7）继续在"打印－模型"对话框中进行设置。

1）在"图纸尺寸"下拉列表中选择 A3 图纸。

2）在"打印范围"下拉列表中选择"范围"选项，在"打印偏移（原点设置在打印区域）"中设置为"居中打印"。

3）设定打印比例为"布满图纸"。

4）设定图纸打印方向为"纵向"。

5）在"打印样式表"分组框的下拉列表中选择打印样式"monochrome.ctb"（将所有颜色打印为黑色）。

单张图纸打印

（8）单击"预览"按钮 预览(P)... ，预览打印效果，如图 6-1-1 所示，若符合要求，按 Esc 键返回"打印－模型"对话框，单击"确定"按钮 确定 开始打印。

三、知识储备

1. 打印设备的选择

在"打印机 / 绘图仪"的"名称"下拉列表中，用户可选择 Windows 系统打印机或 AutoCAD 内部打印机（".pc3"文件）作为输出设备。请注意，这两种打印机名称前的图标是不一样的。当用户选定某种打印机后，"名称"下拉列表下面将显示被选中设备的名称、连接端口及其有关打印机的注释信息。

如果用户想修改当前打印机设置，可单击"特性"按钮 特性(R)... ，弹出"绘图仪配置编辑器"对话框，如图 6-1-3 所示。在该对话框中用户可以重新设定打印机端口及其他输出设置，如打印介质、图形、物理笔设置、自定义特性、校准及自定义图形尺寸等。

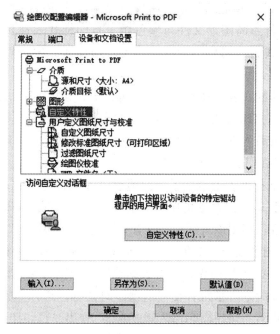

图 6-1-3　"绘图仪配置编辑器"对话框

"绘图仪配置编辑器"对话框包含"常规""端口"及"设备和文档设置"3个选项卡，各选项卡的功能介绍如下。

（1）常规。该选项卡包含了打印机配置文件（".pc3"文件）的基本信息，如配置文件名称、驱动程序信息、打印机端口等。用户可在此选项卡的"说明"列表框中加入其他注释信息。

（2）端口。通过此选项卡用户可修改打印机与计算机的连接设置，如选定打印端口、指定打印到文件、后台打印等。

（3）设备和文档设置。在该选项卡中用户可以制定图纸来源、尺寸和类型，并能修改颜色深度、打印分辨率等。

2. 使用打印样式

在"打印－模型"对话框的"打印样式表"下拉列表中选择打印样式，如图6-1-4所示。打印样式是对象的一种特征，如同颜色和线性一样，它用于修改打印图形的外观。若为某个对象选择了一种打印样式，则输出图形后，对象的外观由样式决定。AutoCAD提供了几百种打印样式，并将其组合成一系列打印样式表。

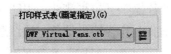

图6-1-4　使用打印样式

AutoCAD中有以下两种类型的打印样式表。

（1）颜色相关打印样式表。颜色相关打印样式表以".ctb"为文件拓展名保存，该表以对象颜色为基础，共包含255种打印样式，每种ACI颜色对应一个打印样式，样式名分别为"颜色1""颜色2"等。用户不能添加或删除颜色相关打印样式，也不能改变它们的名称，若当前图形文件与颜色相关打印样式表连接，则系统自动根据对象的颜色分配打印样式表，用户不能选择其他打印样式，但可以对已分配的样式进行修改。

（2）命名相关打印样式表。命名相关打印样式表，以".stb"为文件扩展名保存。该表包括一系列已命名的打印样式，用户可修改打印样式的设置及其名称，还可以添加新的样式。若当前图形文件与命名相关打印样式表相连，则用户可以不考虑对象颜色，直接给对象指定样式表中的任意一种打印样式。

"打印样式表"下拉列表中包含了当前图形中的所有打印样式表，用户可选择其中之一。用户若要修改打印样式，则可单击此下拉列表右边的"编辑"按钮，弹出"打印样式表编辑器"对话框，利用该对话框可查看或改变当前打印样式表中的参数。

AutoCAD新建的图形处于"颜色相关"模式或"命名相关"模式下，这与创建图形时选择的样板文件有关。若采用无样板方式新建图形，则可事先设定新图形的打印样式模式。执行OPTIONS命令，系统弹出"选项"对话框，进入"打印和发布"选项卡，再单击"打印样式表设置"按钮 打印样式表设置(S)...，弹出"打印样式表设置"对话框，如图6-1-5所示，通过该对话框设置新图形的默认打印样式模式。

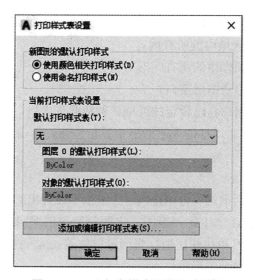

图 6-1-5　"打印样式设置"对话框

3．选择图纸幅画

在"打印 – 模型"对话框的"图纸尺寸"下拉列表中指定图纸大小，如图 6-1-6 所示。"图纸尺寸"下拉列表中包含了选定打印设备可用的标准图纸尺寸。当选择某种幅画图纸时，该列表右上角会出现所选图纸及实际打印范围的预览图像（打印范围用阴影表示出来，可在"打印区域"分组框中设定）。将鼠标光标移动到图像上边，在鼠标光标的位置就显示出精确的图纸尺寸及图纸上可打印区域的尺寸。

图 6-1-6　"图纸尺寸"下拉列表

除了从"图纸尺寸"下拉列表中选择标准图纸外，用户也可以创建自定义的图纸。此时，用户需修改所选打印设备的配置。

4．设定打印区域

在"打印 – 模型"对话框的"打印区域"选项组中设置要输出的图形范围，如图 6-1-7 所示。

图 6-1-7　"打印区域"分组框

该选项组的"打印范围"下拉列表中包含 4 个选项。

（1）"图形界限"：从模型空间打印时，"打印范围"下拉列表中将列出"图形界限"选项，选择该选项，系统就把设定的图形界限范围（用 LIMITS 命令设置图形界限）打印在图纸上。

从图纸空间打印时，"打印范围"下拉列表中将列出"布局"选项。选择该选项，系统将打印虚拟图纸可打印区域内的所有内容。

（2）"范围"：打印图样中的所有图形对象。

（3）"显示"：打印整个图形窗口。

（4）"窗口"：打印用户自己设定的区域。选择此选项后，系统提示指定打印区域的两个  角点，同时在"打印"对话框中显示按钮，单击此按钮，可重新设定打印区域。

5．设定打印比例

在"打印－模型"对话框的"打印比例"分组框中设置出图比例，如图 6-1-8 所示。绘制阶段用户根据实物按 1：1 比例绘图，出图阶段需依据图纸尺寸确定打印比例，该比例是图纸尺寸单位与图形单位的比值。当测量单位是 mm，打印比例设定为 1：2 时，表示图纸上的 1 mm 代表两个图形单位。

"比例"下拉列表包含了一系列标准缩放比例值，此外，还有"自定义"选项，该选项使用户可以自己指定打印比例。

从模型空间打印时，"打印比例"的默认设置是"布满图纸"。此时，系统将缩放图形以充满所选定的图纸。

6．设定着色打印

着色打印用于指定着色图及渲染图的打印方式，并可设定它们的分辨率。在"打印－模型"对话框的"着色视口选项"选项组中设置着色打印方式，如图 6-1-9 所示。

图 6-1-8　"打印比例"分组框

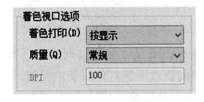

图 6-1-9　设置着色打印

"着色视口选项"选项组中包含以下 3 个选项。

（1）"着色打印"下拉列表。

1）"按显示"：按对象在屏幕上的显示进行打印。

2）"传统线框"：按线框方式打印对象，不考虑其在屏幕上的显示情况。

3）"传统隐藏"：打印对象时消除隐藏线，不考虑其在屏幕上的显示情况。

4）"隐藏"：按"三维隐藏"视觉样式打印对象，不考虑其在屏幕上的显示情况。

5）"线框"：按"三维线框"视觉样式打印对象，不考虑其在屏幕上的显示情况。

6）"概念"：按"概念"视觉样式打印对象，不考虑其在屏幕上的显示情况。

7）"真实"：按"真实"视觉样式打印对象，不考虑其在屏幕上的显示情况。

8）"渲染"：按"渲染"方式打印对象，不考虑其在屏幕上的显示情况。

（2）"质量"下拉列表。

1）"草稿"：将渲染及着色图按线框方式打印。

2）"预览"：将渲染及着色图的打印分辨率设置为当前设备分辨率的 1/4，DPI 的最大值为"150"。

3）"常规"：将渲染及着色图的打印分辨率设置为当前设备分辨率的 1/2，DPI 的最大值为"300"。

4）"演示"：将渲染及着色图的打印分辨率设置为当前设备的分辨率，DPI 的最大值为"600"。

5）"最高"：将渲染及着色图的打印分辨率设置为当前设备的分辨率。

（3）"DPI"文本框。

设定打印图像时每英寸的点数，最大值为当前打印设备分辨率的最大值。只有当"质量"下拉列表中选择了"自定义"选项后，此选项才可用。

7．调整图形打印方向和位置

图形在图纸上的打印方向通过"图形方向"选项组中的选项进行调整，如图 6-1-10 所示。该分组框包含一个图标，此图标表明了图纸的放置方向，图标中的字母代表图形在图纸上的打印方向。

（1）"图形方向"分组框包含以下 3 个选项。

1）"纵向"：图形在图纸上的放置方向是水平的。

2）"横向"：图形在图纸上的放置方向是竖直的。

3）"反向打印"：使图形颠倒打印，此选项可与"纵向"和"横向"结合使用。

图形在图纸上的打印位置由"打印偏移"选项组中的选项确定，如图 6-1-11 所示。默认情况下，AutoCAD 从图纸左下角打印图形。打印原点处在图纸左下角位置，坐标是（0，0），用户可在"打印偏移"分组框中设置新的打印原点，这样图形在图纸上将沿 X 轴和 Y 轴移动。

图 6-1-10　"图形方向"分组框

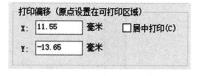

图 6-1-11 "打印偏移"分组框

（2）"打印偏移"选项组包含以下 3 个选项。

1）"居中打印"：在图纸正中间打印图形（自动计算 X 和 Y 的偏移值）。

2）"X"：指定打印原点在 X 方向的偏移值。

3）"Y"：指定打印原点在 Y 方向的偏移值。

8．预览打印效果

打印参数设置完成后，用户可通过打印预览观察图形的打印效果，如果不合适可重新调整，以免浪费图纸。

单击"打印"对话框下面的"预览"按钮 预览(P)... ，AutoCAD 显示实际的打印效果。由于系统要重新生成图形，因此对于复杂图形需耗费较多的时间。

预览时，鼠标光标改变形状，利用它可以进行实时缩放操作。查看完毕后，按 Esc 键或 Enter 键返回"打印"对话框。

9．保存打印设置

用户选择打印设备并设置打印参数（图纸幅画、比例和方向等）后，可以将所有这些保存在页面设置中，以便以后使用。

在"打印"对话框"页面设置"选项组的"名称"下拉列表中显示了所有已命名的页面设置。若要保存当前页面设置，就单击该列表右侧的"添加"按钮 添加(.)... ，弹出"添加页面设置"对话框，如图 6-1-12 所示。在该对话框的"新页面设置名"文本框输入页面名称，然后单击"确定"按钮，存储页面设置。

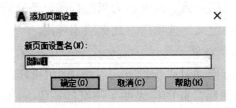

图 6-1-12 "添加页面设置"对话框

用户也可以从其他图形中输入已定义的页面设置。在"页面设置"选项组的"名称"下拉列表中选择"输入"选项，弹出"从文件选择页面设置"对话框，选择并打开所需的图形文件后，弹出"输入页面设置"对话框，如图 6-1-13 所示。该对话框显示了图形文件包含的页面设置，选择其中之一，单击"确定"按钮完成设置。

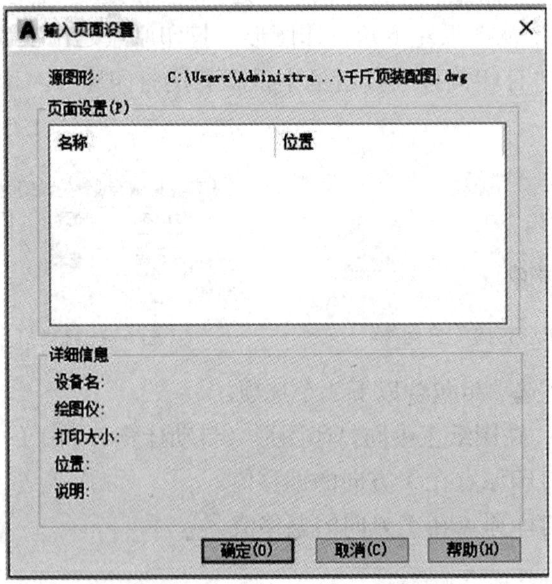

图 6-1-13 "输入页面设置"对话框

任务二　多张图纸打印

一、任务引入

工程图打印不仅有单张图纸的打印还有多张图纸打印的方法。本任务以 AutoCAD 多张图纸打印图为主要学习内容，使读者掌握 AutoCAD 多张图纸打印的步骤、要点和技巧。

二、任务实施

（1）创建一个新文件。

（2）单击"插入"选项卡中"参照"面板上"附着" 按钮，弹出"选择参照文件"对话框，找到图形文件"顶垫 .dwg"，单击"打开" **打开(O)** 按钮，弹出"外部参照"对话框，利用该对话框插入图形文件，插入时的缩放比例为 1 ∶ 1。

（3）单击"缩放" 按钮，缩放比例为 1 ∶ 3（图样的绘图比例）。

（4）插入图形文件"铰杠 .dwg"，插入时的缩放比例为 1 ∶ 1。插入图样后，单击"缩放"按钮 ，缩放比例为 1 ∶ 4。

（5）单击"移动" 按钮，调整图样位置后，使其组成 A3 幅面图纸，结果如图 6-2-1 所示。

（6）单击"打印"按钮 ，弹出"打印"对话框，如图 6-2-2 所示，在该对话框中做以下设置。

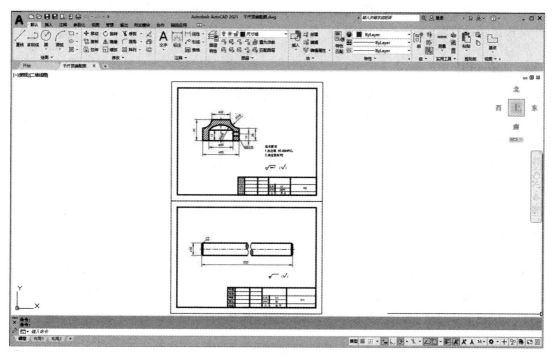

图 6-2-1　图样位置调整

175

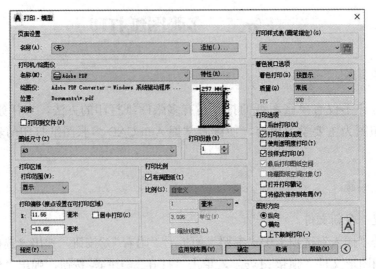

图 6-2-2　打印参数设置

1）在"打印机 / 绘图仪"选项组的"名称"下拉列表中选择打印设备"Adobe PDF"。

2）在"图纸尺寸"下拉列表中选择 A3 幅面图纸。

3）在"打印样式表"选项组的下拉列表中选择打印样式"monochrome.ctb"（将所有的颜色打印为黑色）。

4）在"打印范围"下拉列表中选择"范围"选项，并设置为居中打印。

5）在"打印比例"选项组中选择"布满图纸"复选项。

6）在"图形方向"选项组中选择"纵向"单选项。

（7）单击"预览"按钮 ，预览打印效果。若满意，则单击"打印"按钮开始打印。

多张图纸打印

榜样力量

方文墨，出生于航空世家。18 岁时从沈飞技校钳焊专业毕业分配进入沈飞公司。25 岁成为沈飞公司历史上最年轻的高级技师。26 岁获得第六届振兴杯全国青年职业技能大赛机修钳工冠军。27 岁获得三项国家发明专利。28 岁荣获全国"五一劳动奖章"，省市特等劳动模范。29 岁荣获中国"青年五四奖章"，被聘为中航工业首席技能专家。

从年少时起，父辈传承的航空报国的情怀就在方文墨心里深深扎下了根。方文墨自制刀、量、夹具 100 余把（件），改进各种刀、量、夹具 200 余把（件），改进工艺方法 60 余项，改进设备 2 项，研究生产窍门 24 项。方文墨还撰写技术论文 12 篇，申报技术革新项目 20 项，并取得了"定扭矩螺纹旋合器""加工钛合金专用丝锥""多功能测量表架"3 项国家发明专利和实用新型专利。方文墨设计制造的"定扭矩螺纹旋合器"可以提高生产效率 8 倍，仅人工成本每年就为企业节约 100 多万元；他改进的铁合金专用丝锥，能提高工效 4 倍，每年节约人工成本和材料费 46 万余元。

——资料来源：百度百科

参 考 文 献

［1］《机械设计手册》编委会.机械设计手册（新版）［M］.北京：机械工业出版社，2004.

［2］胡建生.机械制图［M］.2版.北京：机械工业出版社，2021.

［3］谭桂华，刘怡然.AutoCAD综合项目化教程（2020版）［M］.北京：机械工业出版社，2021.

［4］刘德成，李慧.AutoCAD实用教程［M］.北京：北京邮电大学出版社，2010.

［5］张惠茹，王淑君，冯宝全.AutoCAD 2008实用教程［M］.北京：机械工业出版社，2012.